BIBLIOTHÈQUE
DES MERVEILLES

PUBLIÉE SOUS LA DIRECTION
DE M. ÉDOUARD CHARTON

L'AMOUR MATERNEL

CHEZ LES ANIMAUX

AUTRE OUVRAGE DU MÊME AUTEUR

L'Intelligence des animaux. 3ᵉ édition. 1 vol. avec 80 vignettes par É. Bayard.

PARIS. — IMP. SIMON RAÇON ET COMP., RUE D'ERFURTH, 1.

BIBLIOTHÈQUE DES MERVEILLES

L'AMOUR MATERNEL
CHEZ
LES ANIMAUX

PAR

ERNEST MENAULT

OUVRAGE ILLUSTRÉ DE 78 VIGNETTES SUR BOIS

PAR A. MESNEL

PARIS

LIBRAIRIE HACHETTE ET Cie

70, BOULEVARD SAINT-GERMAIN, 70

1874

Droits de propriété et de traduction réservés

L'AMOUR MATERNEL
CHEZ
LES ANIMAUX

L'AMOUR MATERNEL CHEZ LES INSECTES

J'aime les petits, et, parmi les meilleures heures de ma vie, je compte celles que j'ai passées au milieu des champs de ma Beauce bien-aimée.

Souvent, caché dans les blés, je retenais mon souffle, pour mieux entendre ce doux et mystérieux langage des insectes que nous ne comprenons pas, que nous ignorerons sans doute longtemps encore, parce que nous ne savons pas nous mettre en communication avec les petits, avec les insectes, ces humbles créatures pleines d'instinct, de sentiment et d'amour.

Ah! que l'homme se prive de véritables joies en dédaignant de regarder à ses pieds, de s'incliner jusqu'à terre, de se pencher sur ce joyeux berceau de la nature où tout respire la vie et chante l'amour, l'amour sans vil calcul, sans égoïsme, l'amour avec des ailes!

Venez, venez donc avec moi, vous les fatigués du monde, vous qui avez soif d'air, d'espace et de liberté. Pour un instant, laissez vos travaux, sortez de vos casernes ; faites trêve à vos folles ambitions : laissez votre existence fébrile et vos plaisirs factices.

Venez vous reposer le cœur et l'esprit au consolant spectacle de cette aimable société des travailleurs de la terre, de ces charmants petits êtres si gracieux de formes, si vifs, si sensibles, si dégagés de matière.

Venez, le printemps vous invite. Tout est jeune au sillon. Tout court, tout chante, tout est gaieté, douce senteur dans ce berceau parfumé des champs. Sous la mousse des bois, parmi les herbes tendres de la plaine, sous la tiède haleine des vents et les chauds baisers du soleil ; c'est l'amour maternel qui partout porte la joie, l'expansion, la tendresse, la vie dans la nature.

Déjà les plantes et les fleurs ont poussé dans les champs, les bois et les jardins. Et tous les insectes que vous voyez aller, venir, inspecter le sol, sonder les écorces, enlever le pollen des fleurs, aspirer leur suc, nous disputer nos fruits et prendre leur dîme sur nos moissons, tous ces insectes sont des mères actives, diligentes, qui sont en quête de nourriture et d'abri pour leur postérité. Soulevez l'écorce de ce vieil arbre que vous rencontrez étendu sur votre chemin : elle est sillonnée de conduits sinueux, d'anfractuosités, de loges, de berceaux que des mères prévoyantes ont construits avec art, avec amour. Il y a sous cette écorce tout un monde en maillot. Ici ce sont des œufs, là des larves, que des bostriches, des chrysomèles, des bombyx et autres mères ont déposés, réunis, agglomérés et préservés contre la faim et le froid dans un dortoir admirablement construit et sculpté. Tous ces petits embryons dorment paisiblement, attendant la saison nouvelle, le premier rayon de soleil qui va les appeler à la vie. La plupart de ces pauvres petits, en ouvrant les yeux à la lumière, ne verront pas leur mère, ils ne pourront ni lui sourire, ni la connaître. Elle est morte avant leur naissance, mais elle leur a laissé tous les témoignages d'une tendresse infinie. Non-seulement elle leur a préparé un berceau bien chaud, bien capitonné, bien couvert, à l'abri du froid, des vents et de la pluie : elle a fait plus, elle leur a assuré l'existence jusqu'au jour où ils seront assez forts pour se suffire à eux-mêmes.

L'amour maternel pousse les insectes jusque dans nos demeures. Levez les yeux au plafond de votre chambre, et pour peu que votre serviteur ait été négligent, vous y voyez tapie dans un coin une araignée qui vous répugne, vous fait horreur, et cependant c'est, comme nous le verrons, une mère passionnée. Son amour va jusqu'à la fureur. Si quelqu'un s'avise de vouloir toucher à sa progéniture, elle combat jusqu'à la mort pour la défendre.

Ces affreuses teignes qui dévorent nos vêtements, ravagent nos fourrures, contre lesquelles il nous est si difficile de nous défendre; eh bien, ce sont de petits orphelins mis en pension chez nous par des mères prévoyantes. Nos habits leur servent de berceau et d'office. Ainsi, nous sommes nous-mêmes de sûrs agents de la propagation des insectes et de leur amour maternel. Nous emportons à notre insu leurs œufs et leurs larves.

Que d'exemples d'amour maternel n'aurons-nous pas à citer dans cette intéressante famille des insectes, qui consacrent à leurs petits un temps bien plus long que les quadrupèdes et les oiseaux! Où trouver, enfin, plus d'ardeur maternelle que dans cette mouche dont Linné raconte les mœurs? Rien ne l'arrête ni ne la fatigue pour accomplir sa sainte tâche de maternité. Pendant toute une journée, elle suit un renne au galop, elle ne le quitte que quand elle a déposé et agglutiné tous ses œufs aux poils du quadrupède, lorsqu'elle est sûre que les larves qui en sortiront trouveront sous la peau de l'animal leur nourriture assurée.

Chez les insectes, comme chez les autres animaux, la confection du nid est la véritable expression de l'amour maternel. Pour l'insecte qui meurt avant d'avoir vu ses petits, le nid est le but extrême de toutes ses aspirations, c'est la réalisation de l'idéal qu'il a poursuivi pendant sa courte existence. Contempler son nid, son œuvre dernière qui seule pourra donner à ses petits l'idée de sa tendre sollicitude, c'est tout le bonheur d'une mère chez les insectes; mais cette construction du nid, reflet d'un sentiment plus élevé, ne se trouve pas chez tous les insectes, elle est le privilége des plus intelligents. L'architecture du nid, dit Charles Bonnet, est liée à la forme de l'animal, à la structure, au jeu de ses organes et aux circonstances où il se trouve.

En parcourant les différentes classes des insectes, nous verrons comment ceux qui ne construisent pas de nids ont cependant encore assez de prévoyance, de sollicitude maternelle pour déposer leurs œufs dans des conditions telles que les petits pourront en sortir avec la certitude de trouver, à l'endroit même où ils ont été placés, la nourriture qu'il leur conviendra pour grandir et devenir des insectes parfaits.

LES INSECTES SANS AILE

Point d'ailes, point de chant, on a dit pas d'amour. Les insectes sans ailes sont la plupart des parasites, des buveurs de sang, des êtres auxquels il ne faut pas demander un grand idéal. Les sentiments tendres et délicats ne se trouvent guère chez ces natures inférieures qui ne vivent point dans les régions éthérées, qui ne subissent point de métamorphoses complètes et ne vont point se perfectionnant. Néanmoins, chez ces animaux si inférieurs qu'ils soient, l'instinct de conservation est toujours assez développé. Ils sont suffisamment bien organisés pour assurer la vie de leur espèce. Il en est de leurs œufs comme des graines des végétaux, ils sont admirablement construits pour protéger le germe de la vie. Mais à mesure que l'organisme se développe, que le système nerveux se centralise davantage, ce ne sont plus seulement des dispositions organiques qui assurent la vie. Les animaux entrent en action, ils cherchent, ils choisissent, ils comparent, ils prévoient, ils combattent, ils se dévouent pour défendre leurs œufs et leurs petits. Je n'en veux d'autre preuve, même chez les aptères, que l'amour maternel des araignées.

LES ARAIGNÉES

Les araignées forment une famille à part parmi les articulés; ces insectes n'ont pas encore d'ailes, et cependant ils sont très-intelligents; il est vrai qu'ils ont un système nerveux très-centralisé, et, qu'à défaut d'ailes, ils sont munis de pattes excellentes et ont des yeux parfaits; mais ce qu'il y a de plus remarquable chez ces animaux qui nous inspirent tant d'horreur, c'est leur amour maternel. Tout le monde sait avec quel art merveilleux elles savent construire leur toile. Les unes tendent un réseau circulaire à mailles lâches pour prendre des moucherons; d'autres forment des tissus plus serrés et d'une trame plus solide pour enlacer de plus grosses mouches. Les filandières savent donner à leurs rets des formes qui varient avec leur genre de chasse: d'autres, comme la mygale, ont des demeures merveilleuses; mais ce que je veux faire connaître, ce sont ces charmantes petites araignées qui vivent dans les avoines et y construisent de fort jolis petits nids. C'est au mois de juillet qu'on peut voir au milieu des champs les nombreuses demeures de ces petites araignées connues sous le nom de clubiones. M. Émile Blanchard, le professeur au Muséum, vint un jour me visiter: je lui fis voir ces jolies coques d'araignées, artistement installées entre les tiges d'avoine. Il les admira : il vit tantôt l'araignée bien cachée dans son nid et veillant ses œufs; ailleurs, elle était sur sa coque, entourée de ses petits qu'elle semblait garder avec inquiétude.

Depuis, j'ai voulu étudier de plus près la construction des nids de clubiones, et, cette année, j'ai remarqué que cette araignée prend généralement son point d'appui sur trois ou quatre tiges d'avoine, tel qu'on le peut voir sur la gravure ci-contre. Elle file sa toile fine, soyeuse, blanche comme le duvet d'un cygne, et ayant la consistance de ce que nous appelons le papier de soie.

La coque ainsi formée, quoique ayant une certaine résistance, a besoin d'être soutenue, consolidée et protégée. Aussi la clubione a-t-elle soin d'appliquer à la surface de cette coque un certain nombre de grains d'avoine empruntés aux tiges qui servent de support à la demeure. Ces différents grains d'avoine appliqués sur toutes les faces de la coque y forment comme une sorte de couverture, de toit imbriqué, sur lequel l'eau pourra glisser. Ainsi fixé et protégé, le nid de l'araignée peut être agité par le vent, battu par la pluie, il ne sera pas détaché de ses points d'appui et il restera impénétrable à l'eau.

D'autres araignées ont un procédé de nidification beaucoup plus simple : elles prennent une feuille de la tige d'avoine, la contournent, et c'est dans l'intervalle où les parties opposées de cette feuille ne sont point en contact qu'elles bâtissent leur nid, dont l'établissement ne nécessite pas grands frais de construction. C'est une sorte de petit tambour dont la feuille constitue les parois, tandis que le dessus et le dessous sont formés, en guise de peau, par la soie que file l'araignée. C'est ce qu'a représenté notre dessinateur.

D'autres araignées enfin, préfèrent, dans les champs d'avoine, choisir les tiges de moutarde sauvage (p. 11).

Quand les siliques sont formées, que la plante présente une certaine résistance, l'araignée tisse sa toile;

Fig. 1. — Nid de clubiones sur les avoines.

puis, à la base de deux siliques, elle fixe la charmante petite boule verte qui contient ses œufs. Au bout de quelques jours, les petites araignées ne tardent pas à éclore, et elles s'en vont sur les toiles tendues aux abords du nid, et qui ont été si merveilleusement dessinées par Mesnel sur la planche ci-dessous. Là, elles exercent leurs jeunes pattes; elles commencent à filer et à se nourrir des provisions que la mère prévoyante a eu le soin d'accumuler près du berceau de sa progéniture.

Vous voudrez sans doute connaître ces charmantes petites bêtes, artistes merveilleux qui filent une soie si délicate et ont tant de prévoyance pour leurs petits. L'araignée des avoines est de petite taille, d'une couleur gris jaune, avec une raie longitudinale sur le dos et d'un brun foncé. Elle a six pattes, dont les deux antérieures et les deux

Fig. 2. — Nid d'araignée dans une feuille d'avoine contournée.

postérieures sont beaucoup plus développées que les autres.

La tête, presque aussi grosse que le reste du corps, est d'un gris jaune transparent; elle est armée de deux fortes mandibules surmontées de sept à huit petits points noirs très-luisants qui constituent ses yeux. A la partie inférieure de la tête, formant comme deux petites pattes, sont les antennes, qui sont toujours en mouvement. C'est à l'aide de ces organes du toucher que l'araignée se rend compte de tout ce qui se trouve sur son chemin; les antennes lui servent à distinguer ce qui lui est utile ou nuisible.

Telles sont ces charmantes petites bêtes, qui sont toute sensibilité, tout intelligence, tout cœur, et montrent un si grand amour pour leur progéniture. Un jour, emporté par la curiosité, oubliant mes devoirs de membre de la Société protectrice des animaux, j'eus la barbarie de déchirer un de ces nids d'araignée. Je voulais, comme les enfants, savoir ce qu'il y avait dedans. Je vis s'en échapper une grande quantité de petits œufs, plus petits que des grains de semoule; j'en comptai cent cinquante. Quelques-uns me parurent un peu déformés; je les examinai au microscope, et je constatai que ces œufs étaient en voie de transformation; je vis encore confuse la forme d'une araignée naissante. Pendant que je faisais mes observations, la pauvre mère, tout effarée, courait après ses chers œufs; elle cherchait à les réunir; mais ce fut peine perdue, ils étaient disséminés. Force lui fut de se résigner à son malheureux sort. Une autre fois, — faut-il l'avouer? — je pris plaisir à déchirer l'enveloppe soyeuse du nid; mais bientôt la mère diligente se mit à filer, à faire une reprise qui boucha exactement l'ouverture que j'avais faite. J'eus la cruauté de recommencer plusieurs fois à effondrer la demeure de cette innocente créature; chaque fois, elle se remit à l'œuvre et répara le dommage que je lui avais causé. Aussi, depuis, je suis plein de respect pour ces mères si dévouées à leur progéniture, et je proclame partout l'amour maternel des araignées.

Ce ne sont pas seulement les clubiones qui montrent tant de sollicitude pour leurs petits; la lycose est également ardente à défendre ses œufs. Lorsqu'elle les a pondus, elle les rapproche de manière à en former une petite boule qu'elle entoure ensuite d'une couche de tissu soyeux peu épais, mais serré et solide. Le cocon a la forme et la grosseur d'un pois légèrement aplati, sa surface lisse est le plus souvent d'un gris blanchâtre; et, comme cette araignée est d'une humeur très-vagabonde,

Fig. 5. — Nid d'araignée sur une tige de moutarde sauvage.

au lieu de garder assidûment son cocon en se tenant immobile auprès de lui comme font toutes les autres araignées, elle le colle à ses filières, l'entraîne après elle, et ne l'abandonne ni pendant la chasse, ni même en face du péril. Lorsqu'on la poursuit, elle court aussi vite que le lui permet le poids de son précieux fardeau; mais si l'on vient à saisir un cocon, elle s'arrête brusquement et cherche à le reprendre. Berthoud a très-bien décrit l'agitation de cette pauvre mère. Elle tourne d'abord lentement autour du ravisseur, se rapproche de lui de plus en plus et par saccades, et enfin se jette violemment sur lui et le combat avec fureur.

Fig. 4. — Nid d'araignée déchiré et réparé.

Mais si le cocon a été détruit, la lycose se retire dans un coin et meurt au bout de quelque temps de tristesse et d'engourdissement, car alors elle ne prend plus aucun exercice.

Après un mois au plus, les germes éclosent et sortent de leur prison, mais faibles et ne sachant ni chasser ni construire de toile; ils périraient inévitablement si leur mère les abandonnait. En ce moment, le dévouement maternel redouble. Forcée pour se nourrir de vaquer sans cesse et ne voulant point se séparer de sa lignée, elle place ses petits sur son dos, et, chargée de ce cher fardeau, elle se met en route par monts et par vaux.

On ne peut sans émotion la voir donner à son allure, naturellement brusque et impétueuse, moins de rapidité et de saccades. Elle évite avec soin tout danger, n'attaque que des proies faciles, laissant celles avec lesquelles il faudrait lutter et s'exposer à laisser tomber ses petits, qui se pressent et se meuvent par centaines autour de son abdomen.

Ces observations datent depuis longtemps, puisque les anciens croyaient que la lycose nourrissait ses petits et même les allaitait.

Bonnet mit un jour à une épreuve touchante et décisive le merveilleux attachement de la lycose pour sa progéniture. Il la précipita avec son sac dans la caverne d'un gros fourmilion. L'araignée essaya de s'échapper, mais elle ne fut pas assez active pour empêcher le fourmilion de s'emparer de son sac d'œufs, qu'il voulut recouvrir de sable. Elle fit les plus violents efforts pour déjouer ceux de son invisible ennemi; mais elle eut beau résister, le gluten qui retenait le sac céda et le sac se détacha. L'araignée le ressaisissait avec ses mandibules, lorsque le fourmilion le lui arracha. La mère infortunée, vaincue dans cette lutte, aurait pu du moins sauver sa vie : elle n'avait qu'à abandonner le sac et s'échapper de la caverne fatale; elle préféra se laisser enterrer toute vivante avec le trésor qui lui était plus cher que son existence. Ce fut par force que Bonnet enfin l'enleva, mais le sac d'œufs demeurait avec le brigand. En vain Bonnet écarta plus d'une fois l'araignée avec une petite baguette. Elle persistait à rester sur cette dangereuse arène. La vie semblait n'être plus qu'une douleur pour elle. Toute sa consolation eût été d'être engloutie dans le tombeau où elle laissait le germe de sa progéniture.

L'attachement de cette tendre mère ne se borne pas à ses œufs. Lorsque les jeunes araignées sont écloses, elles sortent du sac par un orifice qu'elle a soin de leur ouvrir, et alors, comme les petits de la grenouille de Surinam, elles s'agglomèrent sur son dos, sur son ventre, sur sa tête, et même sur ses jambes. C'est ainsi qu'elle les porte et les nourrit jusqu'à ce qu'elles soient assez fortes pour chasser elles-mêmes.

De Geer trouva la *clubiona holosericea* dans son nid avec cinquante ou soixante petits ; au lieu de montrer aucun symptôme de sa timidité naturelle, elle persista si obstinément à y rester que, pour l'en expulser, il fallut couper tout le nid en morceaux.

Berthoud cite encore un autre exemple de l'amour maternel des araignées. Les araignées-loups renferment dans un sac et attachent sur leur dos le produit de leur ponte, puis se nichent dans un lieu à la fois tiède et humide, favorable à l'éclosion de la couvée. Le moment venu, la mère tire les œufs du nid, ouvre délicatement avec ses mandibules chacun d'eux et aide les nouveau-nés à sortir de leur coque. Elle les mène ensuite à la picorée, leur enseigne la chasse, les surveille, les protège, et, à la moindre alerte, les replace dans la bourse qu'elle continue à porter sur son dos et que seulement elle a eu soin d'agrandir.

Tant d'abnégation ne cesse qu'après le développement complet des petites araignées, quand elles ont assez de force pour se suffire à elles-mêmes, et lorsqu'elles ont subi la crise toujours périlleuse de la première mue.

Tant d'amour et tant d'intelligence chez un si petit animal ne doivent-ils pas faire cesser ces sentiments de répulsion que tant de gens éprouvent pour les araignées.

Rien n'est laid dans la nature, si l'on sait regarder et voir comment le plus petit insecte est admirablement organisé, comment chaque être a ses instincts, son habileté pour assurer son existence et celle de sa progéniture.

LES HÉMIPTÈRES.

L'aile commence à poindre, avec elle le chant et l'amour. Il y a bien encore chez les hémiptères quelques buveurs de sang ; mais déjà un grand nombre empruntent leur nourriture au régime végétal et ont des mœurs plus douces, des sentiments plus délicats. La puce, quoique s'abreuvant encore de sang, est déjà une mère dévouée pour ses petits. Elle ne se donne pas la peine de construire un nid, elle pond ses œufs dans les fentes de nos planchers, sur les coussins où dorment les animaux, dans les langes des jeunes enfants. Il en sort des larves blanches et transparentes, sans pattes, très-remuantes comme de petites anguilles. Mais, alors, on voit aussitôt la mère venir leur dégorger dans la bouche le sang qu'elle nous a dérobé.

Parmi ces hémiptères carnassiers, il faut ranger tous ceux que les savants désignent sous le nom d'hétéroptères, parce que leurs ailes supérieures, coriaces à la base, sont membraneuses à l'extrémité. On les connait vulgairement sous le nom de punaises. Les unes vivent dans l'eau, les autres à l'air libre. Toutes les punaises d'eau sont très-carnassières ; elles sucent avec avidité les insectes et les mollusques des eaux, auxquels elles livrent une chasse active. Les notonectes ou punaises à aviron pondent un grand nombre d'œufs qu'elles ont le soin d'attacher aux plantes aquatiques ; leurs larves éclosent au printemps, ayant près d'elles ce qui convient à leur existence. A cette époque, on commence à voir courir les punaises de nos jardins, qui s'échappent de dessous l'écorce des arbres, courent le long des murs et font briller au soleil leur couleur vermillon bariolé de noir, en attendant les premières pousses pour commencer leurs ravages ; il est vrai que, de leur côté, par compensation, elles font la guerre aux chenilles et aux larves d'une foule d'autres insectes nuisibles. Les mères des punaises montrent déjà un **vif amour pour leurs petits**; elles les surveillent souvent nuit et jour avec sollicitude pour écarter tous les petits animaux disposés à les détruire.

La pentatome grise à corps et à élytres d'un jaune grisâtre ponctué de noir, très-commune dans toute l'Europe, et qu'on rencontre presque toujours sur les bouleaux et les ormes qui bordent les routes, ainsi que sur les groseilliers et les framboisiers, est, au dire de De Geer, pleine de dévouement pour ses petites larves. Vous la voyez au mois de juillet les conduire comme une poule ses poussins; elles sont là vingt à quarante qui suivent leur mère dans toutes ses pérégrinations. Si on l'inquiète, elle bat des ailes comme pour les défendre sans fuir ni s'envoler.

De Geer, ayant eu à couper une branche de frêne habitée par une de ces familles, la mère exprima tous les symptômes d'une vive inquiétude. En d'autres circonstances, cette alarme l'aurait fait fuir immédiatement; mais loin de délaisser ses petits, elle ne cessa de battre des ailes par un mouvement rapide, évidemment pour parer la menace du danger.

La pentatome ornée a soin de placer ses œufs sous la face inférieure des feuilles par petites bandelettes serrées. On dirait un petit barillet dont le haut et le bas seraient entourés de bandes brunes, tandis que le milieu de l'œuf est gris avec des petits points noirs très-ronds. Au moment de l'éclosion, la petite punaise soulève la partie supérieure de la coquille comme un petit couvercle, et se met immédiatement à vivre de la feuille sur laquelle elle est née.

Qui n'a vu au mois d'août les feuilles de ses poiriers couvertes de petites élévations brunes qu'au premier coup d'œil on prendrait pour des puccinies? Eh bien, ce sont les berceaux des larves du tigre du poirier. Examinez-les à la loupe, vous y verrez des insectes de tout âge : des petites larves venant d'éclore, les unes un peu plus fortes, d'autres à l'état de nymphes, et un certain nombre d'insectes parfaits. Mais, il n'en est pas un qui n'ait été de la part de sa mère l'objet de la plus grande prévoyance.

LA CIGALE

> La cigale ayant chanté
> Tout l'été
> Se trouva fort dépourvue
> Quand la bise fut venue.

Voilà le premier insecte chanteur, mais ne croyez pas que la cigale chante comme les oiseaux, ni comme nous avec des cordes vocales, avec des modulations et des *ut* de poitrine. Non, le chant de la cigale est plus modeste, c'est un petit bruit de frottement qui se produit sur son abdomen, mais qui n'en est pas moins la première manifestation de joie que l'insecte témoigne à sa compagne. La nature, du reste, a dédommagé la cigale femelle de la privation du chant en lui donnant un instrument moins bruyant et plus à l'usage de son amour maternel; c'est une sorte de tarière destinée à scier l'écorce des branches. Par un système de muscles antagonistes, la tarière peut sortir de son étui ou y rentrer. Elle est munie de trois pièces.

A l'aide de cet admirable instrument, la cigale femelle incise obliquement l'écorce et le bois des branches et ne s'arrête que vers la moelle. Le mâle chante pendant qu'elle travaille. Quand la loge est suffisamment profonde et convenablement préparée, la femelle dépose au fond cinq à huit œufs. De ces œufs naissent de très-petites larves blanches qui sortent de leur nid, n'ont plus qu'à descendre le long de la tige, s'enfoncer dans la terre et aller sucer les racines de l'arbre sur lequel elles sont nées. Elles se changent en nymphes. A la fin du printemps, ces nymphes sortent de terre, s'accrochent aux troncs des arbres et se dépouillent un beau soir de leur peau, qui reste entière et desséchée, faisant apparaître l'insecte parfait.

Une autre cigale, *cicada spumaria* de Linné, qui constitue aujourd'hui le type du genre Aphrophora, accuse sa présence dans nos jardins aux mois de juin et de juillet, en laissant sur les prairies et les pelouses une sorte d'écume ressemblant à de la mousse de savon ou de la salive. C'est, comme nous l'avons constaté, au milieu de cette écume que vivent l'insecte et ses petits.

Fig. 5. — Cigale creusant son nid.

On ne dira plus que les cigales ne sont pas prévoyantes, ni qu'elles passent tout l'été à chanter. Ce ne sont point les mères qui chantent, elles sont bien trop occupées aux soins de la maternité, c'est le père qui, comme font les oiseaux, encourage la mère à pondre, et son chant est un hymne d'amour aux accents persuasifs, et qui rappellent la fable des deux joueurs de cithare, Eunome et Ariston, luttant d'habileté sur cet instrument. Eunome vit une des cordes de sa cithare se briser; une cigale vint se poser dessus et remplaça avec tant de succès la corde manquante qu'il remporta la victoire. Heureuse cigale, dit Anacréon, qui, sur les plus hautes branches des arbres, abreuvée d'un peu de rosée, chante comme une reine; et nous pouvons ajouter, chante la première l'amour maternel.

LES DIPTÈRES

Voici donc les ailes, les ailes complètes. L'amour maternel serait lui-même parfait si, parmi les diptères, il n'y avait pas encore des buveurs de sang, tant il est vrai que le régime influe singulièrement sur les mœurs. Ce n'est

Fig. 6. — Mouche à viande.

pas impunément pour le caractère qu'on est carnivore. Aussi verrons-nous que les insectes à ailes complètes qui, au lieu de se nourrir de sang, aspirent le suc des végétaux et des fleurs, ont des sentiments plus tendres, plus d'amour et de prévoyance pour leur famille.

Nous ne trouvons pas encore parmi les diptères des constructeurs de nids, mais l'instinct maternel n'en est pas moins développé; il suffit pour assurer la conservation de l'espèce. Vous entendez dans votre office cette mouche d'un bleu d'acier, c'est la mouche à viande (*musca vomitoria*). Fait-elle assez de bruit et de mouvement! Quel pressant besoin l'agite donc ainsi? Ah! elle a hâte de déposer le fardeau de la maternité; mais elle regarde, elle va, elle vient, elle tourne cent fois sur elle-même; elle cherche le meilleur endroit pour déposer ses œufs : elle examine le morceau de viande qui servira le mieux à l'alimentation de ses petits. Elle ne se trompe pas, elle n'attaque pas une chair trop mince, et partant sujette à se dessécher, sans profit pour le but qu'elle poursuit; elle va droit au morceau épais et humide, capable de se corrompre; c'est là ce qu'il lui faut pour la nourriture première de sa lignée; sans perdre de temps, elle y dépose ses œufs : l'ennemi est désormais au cœur de la place.

La ponte, comme le fait observer M. Rendu, a lieu par tas irréguliers de cent, de cinquante ou seulement de douze œufs tous près les uns des autres. Leur chiffre total s'élève à deux cents environ, et s'il s'en trouve quelques-uns qui ne sont pas à la table que leur avait dressée leur mère, c'est que, troublée dans ses fonctions, cette mère prévoyante a fait comme la poule inquiétée dans sa ponte, elle a laissé tomber son œuf où elle a pu. Quand elle n'est point troublée, non-seulement elle sait où déposer ses œufs, mais elle a soin de mettre la plus grande quantité sur les parties de la viande qui sont plus humides, plus ramollies, plus à la convenance enfin des jeunes larves qui naîtront les premières. Ainsi la mère a tout prévu pour assurer l'existence à sa progéniture : une fois que ses larves ont atteint leur entier développement, elles abandonnent la chair corrompue, cherchent une retraite, s'enfoncent en terre et s'y blottissent jusqu'à leur changement en insectes parfaits.

Le cousin, ce buveur de sang dont la piqûre est si cuisante, cet insecte qui éprouve la plus grande répugnance pour la pluie et l'humidité, sait cependant, guidé par son instinct, que l'eau est nécessaire au développement de ses œufs. Que fait la mère? Un jour de beau soleil, elle va se promener aux bords d'une rivière, prend son vol, s'élève au-dessus de l'eau fécondante, puis elle redescend, elle palpe, elle effleure la surface de l'eau, et, grâce à l'étendue de ses pattes légères qui diminuent le poids de son corps, elle prend un point d'appui résistant, et sans crainte pour sa vie, elle se dispose à assurer celle de sa progéniture. Elle croise ses longues jambes, et, dans l'angle qu'elles forment, elle retient le premier œuf qu'elle a pondu, puis elle en dépose un second, un troisième; chaque œuf adhère à celui qui le précède; tous sont agglutinés les uns aux autres : ils prennent la forme d'un petit bateau. La ponte terminée, la mère abandonne sans crainte la nacelle pleine d'amour aux ondes bienfaisantes.

Un grand nombre de mouches déposent leurs œufs sur les animaux, car leur instinct maternel leur dit que leurs petits trouveront près de leur berceau la nourriture qui leur convient.

D'autres diptères, les œstres, ainsi que nous l'avons vu, s'attaquent plus spécialement aux grands animaux. Emportées par l'instinct de la conservation, par l'amour maternel, ces mouches se mettent à la poursuite des chevaux, des rennes ou autres quadrupèdes : elles ont soin de déposer leurs œufs sur les parties du corps qui peuvent être atteintes par la langue; ils arrivent ainsi dans l'estomac, et les larves s'accrochent aux parois par des couronnes de crochets qui les entourent et leur servent aussi à ramper : quand leur développement est achevé, elles sortent avec les excréments des animaux et achèvent leur métamorphose sur terre.

La céphalémye du mouton pond ses œufs dans les narines de l'animal : les larves remontent avec leurs crochets dans les cavités du nez, et vont jusque dans la tête du pauvre mouton chercher leur nourriture.

Ces faits extraordinaires nous prouvent jusqu'à quel

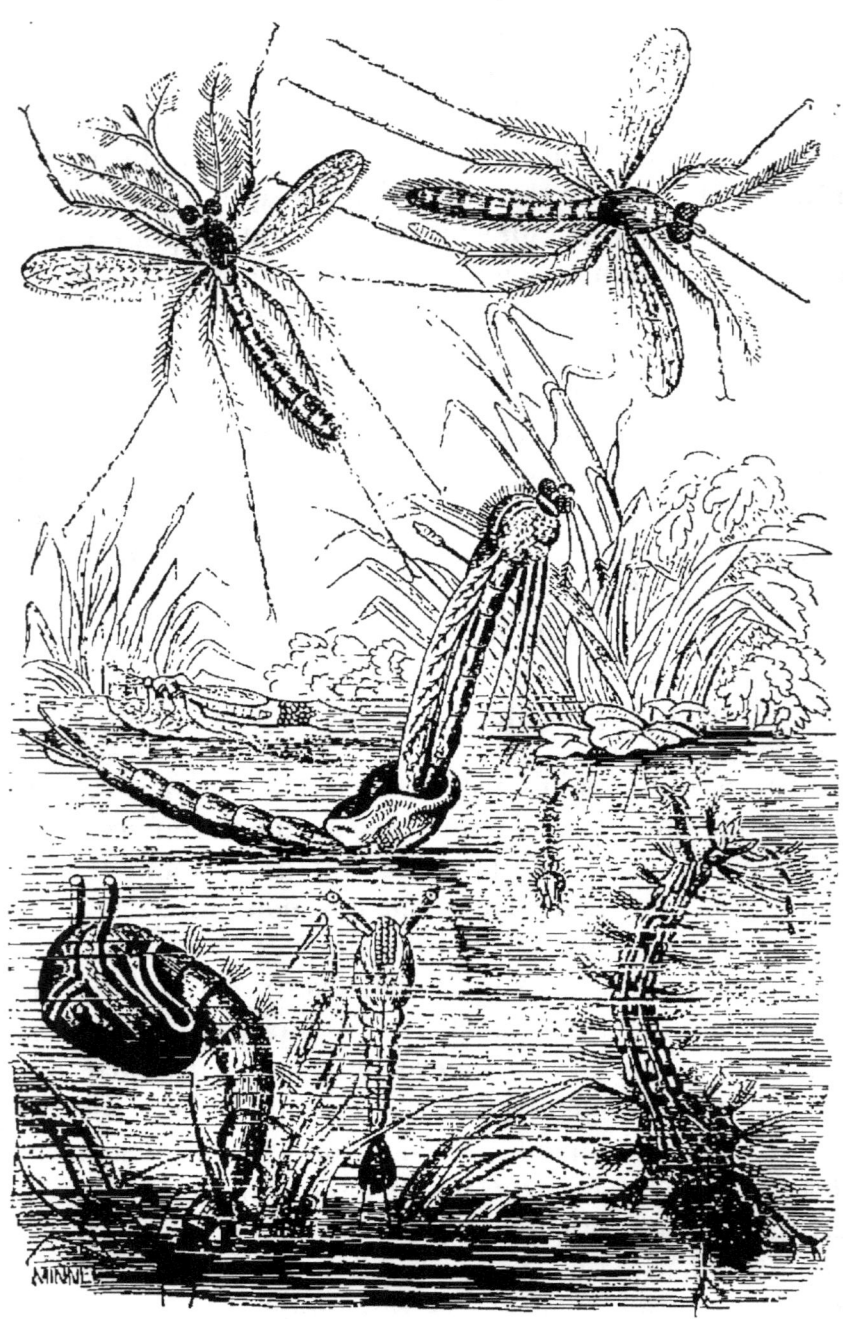

Fig. 7. — Le cousin mâle et femelle. Nymphe, larve. Éclosion.
Figures très-grossies.

point l'instinct de conservation peut chez les animaux confondre notre intelligence.

Fig. 8. — Céphalémye du mouton.

LES NÉVROPTÈRES

La prévoyance maternelle se retrouve parmi les insectes, même chez ceux qu'on est habitué à considérer comme des êtres volages. Ainsi, dans la charmante tribu des libellules, vous connaissez ces gentilles demoiselles aux ailes délicates et transparentes, aux couleurs vives et irisées. A les voir si joyeuses, si coquettes devant le miroir des eaux, on pourrait croire que, devenues mères, elles seront toujours légères et prêtes à abandonner sans souci leur progéniture. En effet, elles déposent leurs œufs sur la première feuille qu'elles rencontrent, et les laissent aller au courant de l'onde. Parmi ces libellules, certaines mères ne se donnent même pas la peine de chercher un berceau pour leur famille, elles les jettent à l'eau. On les accuse de mauvais sentiment, de cruauté, mais on ignore sans doute que leurs larves doivent vivre près d'une année sans quitter l'humide élément, et que l'heure de la métamorphose arrivée, elles trouveront d'elles-mêmes les moyens de s'élancer dans les airs; elles se fixeront au soleil sur quelque plante, se sécheront, déchireront leur maillot et partiront joyeusement achever une existence plus heureuse.

Les névroptères ont quatre ailes membraneuses, c'est un indice d'une plus grande intelligence. En effet, pour l'insecte comme pour l'oiseau, l'aile c'est le moyen de voyager, de voir et d'apprendre. L'aile est pour l'insecte ce que sont pour nous les chemins de fer qui ont singulièrement augmenté nos idées de rapport. Aussi trouvons-nous chez les névroptères l'existence de sociétés nombreuses et la construction de nids faits en commun. Ainsi les termites, au nombre de centaines d'individus, se construisent des nids dans les souches des pins, dans l'intérieur des arbres.

M. Lespes a reconnu dans les termitières des Landes que chaque nid présente d'abord un couple fécond, roi ou reine. Il y trouve des neutres de deux formes différentes. Les plus nombreux sont des ouvriers de la taille d'une forte fourmi, chargés de creuser les galeries dans les bois, de soigner les œufs, les larves, et surtout les nymphes, qu'ils aident à opérer leur mue : elles les brossent, les lèchent, vont à la recherche des provisions et les emmagasinent dans le nid.

D'autres neutres, bien moins nombreux, au lieu de la tête arrondie des ouvriers et de leurs courtes mandibules, ont une énorme tête, presque moitié du corps, un peu carrée et avec de très-fortes mandibules croisées. Ce sont les soldats chargés de la défense du nid, se précipitant pour mordre les agresseurs. Il y a comme on voit du rapprochement avec les abeilles, qui sont aussi des insectes vivant en société.

Fig. 9. — Nid de termites belliqueux dans l'Afrique australe.

Mais celui de ces insectes qui construit le nid le plus remarquable, c'est le termite belliqueux ou fatal, qui forme avec de la terre gâchée des nids en monticules coniques, pouvant dépasser 5 mètres de hauteur, assez solides pour supporter le poids des taureaux. Smeathman, qui, à la fin du siècle dernier, les a étudiés dans l'Afrique australe, se cachait en embuscade entre ces grands nids pour chasser. Il rapporte qu'il monta une fois sur l'un d'eux avec quatre hommes pour chercher à l'horizon si quelque navire n'était pas en vue. Au milieu de la partie inférieure du nid est la cellule royale, oblongue, à voûte arrondie, ayant jusqu'à 25 centimètres de longueur. Elle est entourée des salles de service du couple royal. Au-dessus sont des magasins de parcelles de gomme et de sucs de plantes solidifiés. Dans le pourtour du nid sont de grandes chambres ou nourriceries avec cellule de bois collée à la gomme. Là sont déposés les œufs de la reine et éclosent les jeunes larves; les chambres, grandes parfois comme une tête d'enfant, sont bien ventilées. Le haut du nid est formé par un dôme creux, plein d'air.

La cellule royale, dit M. de Quatrefages, renferme toujours un couple unique, objet des soins les plus empressés, mais qui achète sa grandeur au prix d'une reclusion perpétuelle. Cette femelle pèse autant que trente mille ouvriers. Les travailleurs et les soldats sont fort occupés d'elle; elle a des milliers de serviteurs. Les uns lui donnent à manger; d'autres enlèvent les œufs qu'elle ne cesse de pondre; car ici, comme les abeilles, cette reine est avant tout la mère de ses sujets. Elle pond au delà de 60 œufs par minute, plus de 80,000 par jour. De ces œufs naissent des petites larves blanches objets des soins les plus attentifs.

Des nids encore très-curieux sont ceux que construisent les termites mordants et que Smeathman a signalés.

ORTHOPTÈRES

Les orthoptères se reconnaissent à leurs ailes pliées droitement, sous des étuis à élytres peu consistants, à demi-membraneux, qui ne se joignent pas exactement. Tels sont les sauterelles, les criquets, les perce-oreille, le grillon et la taupe-grillon.

Les instincts matériels dominent ces petits animaux, qui sont de gros mangeurs : leurs estomacs multipliés rappellent les animaux ruminants. Et voyez comme le régime influe sur les mœurs : parmi ces insectes, le perce-oreille, qui ne vit que de roses, de dahlias, d'œillets et autres fleurs, est animé des meilleurs sentiments pour sa progéniture. Les mères, pleines de prévoyance, cherchent des endroits retirés, un coin obscur, une écorce d'arbre pour y déposer leurs œufs ; elles se tiennent constamment dessus comme des poules sur leurs poussins ; elles ne les quittent que pour aller chercher leur nourriture. Leur enlève-t-on leurs œufs, elles courent après, se mettent en quête, vont, viennent de tous côtés, jusqu'à ce qu'elles les aient trouvés, alors elles les recueillent un à un, les rapportent entre leurs mandibules sous le toit maternel.

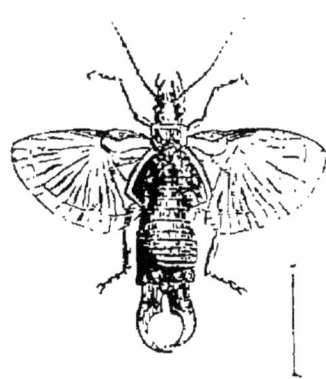

Fig. 10. — Perce-oreille.

De Geer, ayant trouvé une mère occupée à pondre, la mit dans une boîte avec de la terre et y dispersa ses œufs ; la mère les eut bientôt rassemblés et amoncelés un à un avec ses mandibules, et se posa de nouveau dessus pour les couver assidûment. A peine écloses, les petites larves viennent se glisser comme une couvée sous le ventre de la mère, qui les laisse passer entre ses pattes, et les recouvre ainsi pendant des heures. Kirby a lui-même vérifié cette observation, ayant rencontré par hasard sous une pierre un perce-oreille femelle et sa famille dans la position décrite par de Geer.

M. Rendu a parfaitement décrit l'amour maternel du perce-oreille pour ses larves. En France, dit-il, les larves éclosent dans les premiers jours de mai. Ces larves sont d'une blancheur transparente; leurs pattes les supportent à peine; leur corselet n'est qu'ébauché, sans élytres et sans ailes. Laissées à elles-mêmes, elles ne seraient pas en état de pourvoir à leur nourriture, encore moins de se défendre contre leurs ennemis. Mais leur mère est là qui veille sans cesse, butine pour elles et ne les abandonne jamais : elle les guide sur les plantes du voisinage, et au retour de leurs excursions, elle a soin de leur faire gagner la fraîche retraite que réclament leurs organes débiles.

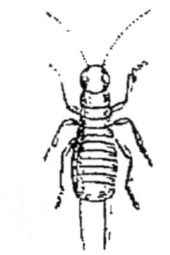

Fig. 11. — Larve de perce-oreille.

Les petits savent bien à quelle bonne mère ils ont affaire; ils ne s'écartent point, ils courent sans cesse autour de celle qui se tient sur eux pendant des heures entières ; elle a aussi un signe de ralliement pour les rappeler. Au moindre danger, elle les rassemble, les fait passer par derrière elle, se place un peu en avant dans une attitude menaçante, agitant ses pinces : elle ne songe à prendre la fuite que quand l'ennemi est décidément le plus fort et qu'elle a mis ses petits en sûreté. La troupe, en promenade, s'est-elle laissée surprendre par l'éclat subit d'un soleil brûlant, vite, elle les conduit sous une pierre, une mousse ou une écorce soulevée : sa sollicitude est de

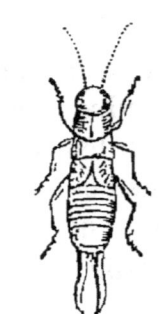

Fig. 12. — Nymphe de perce-oreille.

tous les instants, comme celle de la mère la plus tendre et la plus dévouée.

Parmi les orthoptères, les blattes sont des mères aussi bonnes que fécondes : elles pondent leurs œufs entourés d'une coque en forme de haricot ou de fève où chaque œuf a sa capsule. Elles traînent avec elles cette coque, la surveillent, la fendent et aident les larves à sortir des œufs.

Quelle mère montre encore plus de sollicitude pour ses œufs que la courtillière ou taupe-grillon. C'est un fléau, dira-t-on, pour les jardins. A vous de vous en défendre. Au moment de pondre, la courtillière creuse un trou ovale, chambre d'incubation, dit M. Maurice Girard, où elle déposera ses œufs. Une galerie verticale y communique, et d'autres galeries en divers sens y aboutissent, de sorte que l'insecte a de nombreux refuges. Les œufs éclosent vers la fin de l'été, et les larves, d'abord molles et blanches, sont gardées avec sollicitude par la mère qui les tient rassemblées dans le nid et va, dit-on, leur chercher de la nourriture. Elles ne deviennent nymphes, c'est-à-dire ne prennent des rudiments d'ailes que l'année suivante.

Ce sont les mâles seuls chez les courtillières, comme chez les grillons, qui peuvent chanter, ou, si vous aimez mieux, striduler. Aussi le poëte grec comique Xénarque félicite, dans une de ses pièces, les grillons mâles : Que vous êtes heureux, dit-il, vous qui avez des femmes silencieuses !

LES COLÉOPTÈRES

La nombreuse famille des coléoptères se compose d'individus de mœurs très-différentes. Les uns sont carnivores et armés de vigoureuses mâchoires, et ont les pattes parfaitement disposées pour la marche. Il en est qui, ha-

Fig. 15. — Nid de courtilière.

bitués à la chasse, vivent de tous les insectes plus faibles qu'ils peuvent vaincre; d'autres, au contraire, se nourrissent de végétaux : les pièces de la bouche deviennent proéminentes et moins acérées, et leur amour maternel est plus vif.

Tous les coléoptères sont ovipares; la femelle dépose ses œufs dans des lieux convenables à la nourriture de la larve qui doit d'abord en éclore, et cette nourriture est quelquefois toute différente de celle de l'insecte parfait.

Les dégâts qu'un grand nombre de ces insectes causent à nos moissons ne sont que des manifestations de la tendre sollicitude des mères pour leurs petits.

La femelle du charançon pénètre dans nos tas de blé, choisit le grain dans lequel elle veut pondre son œuf, et, à l'aide de sa trompe et de ses dents, elle y fait un petit trou, ordinairement dans le sillon où l'enveloppe est le plus tendre. Et, comme si elle voulait mieux cacher l'endroit où elle va déposer son œuf, elle dirige le petit conduit obliquement, et le bouche avec un enduit de la couleur même de la semence attaquée, de sorte que l'œil le plus exercé n'en saurait découvrir le trou.

Elle creuse ainsi une quantité de grains égale à la quantité d'œufs qu'elle doit pondre : l'œuf déposé dans le grain ne tarde point à éclore; il en provient une petite larve blanche, allongée, molle, ayant le corps formé de neuf anneaux, avec une tête arrondie de consistance cornée, munie de deux fortes mandibules, au moyen desquelles elle agrandit chaque jour sa demeure en se nourrissant de la substance farineuse dont est composé son berceau.

Il y a un instinct merveilleux chez cet insecte qui doit mourir immédiatement après avoir produit, et qui ne dépose ses œufs que dans l'endroit où les larves pourront se nourrir. Cette prévoyance de la postérité est remarquable chez les coléoptères. Le hanneton, qui ne mange que des feuilles et des semences d'orme, ne pourrait vivre de racines; sa femelle enterre ses œufs pour qu'au moment de leur naissance les larves soient à la portée des racines dont elles, au contraire, devront se nourrir. D'autres femelles de coléoptères entassent des provisions autour de leurs œufs pour l'usage d'une postérité qu'elles ne connaîtront pas, puisqu'elles meurent avant la naissance de leurs larves. L'instinct dit à la femelle de l'insecte où elle doit pondre, et comment elle doit assurer l'existence de sa postérité, sans qu'on puisse savoir si elle se souvient de ce qu'elle a mangé étant elle-même à l'état de larve.

Le plus connu de tous les coléoptères pour son amour maternel est cet insecte que vous avez souvent rencontré le long des chemins fouillant dans les ordures, c'est le bousier sacré des anciens Égyptiens. La prévoyance maternelle de cet animal est admirable, du reste son organisation semble la révéler. Avez-vous examiné ses pattes de derrière? Elles sont placées près de l'extrémité de son corps ; elles rendent sa marche très-pénible; mais aussi elles servent admirablement à confectionner une boule de matière excrémentielle dans laquelle la mère déposera son œuf. Cette boule va servir de berceau et de grenier d'abondance à la larve future, à la condition toutefois que ni les pieds des passants, ni le poids des voitures, ni le vent, ni la pluie, ni les rigueurs de l'hiver n'atteindront le précieux dépôt. La prévoyance maternelle de l'insecte suffit à tout. Pour vous en convaincre, au lieu d'écraser le bousier, vous voudrez bien désormais vous donner la peine de l'observer quelques instants, et vous pourrez voir comment avec ses pattes de derrière, longues, arquées, parfaitement disposées pour s'adapter à

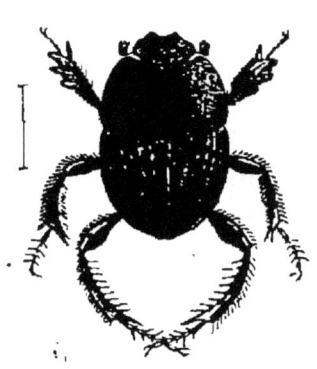

Fig. 14. — Bousier sacré.

une surface cylindrique, cette prévoyante créature saisit la matière qui contient son œuf, la pousse à reculons, la roule incessamment, l'arrondit, la grossit, la durcit et la rend aussi lisse que possible. Et quand tout ce travail est terminé, quand elle croit que le berceau est bien pourvu, elle songe alors à protéger contre toutes les injures du temps ou des passants son précieux dépôt. Elle cherche une retraite sûre, à l'abri de tout danger, un trou assez profond pour qu'à sa naissance son petit orphelin trouve nourriture et abri. Mais aussi quelle persévérance, quel courage, quel amour il a fallu pour préparer à sa chère progéniture une existence bien assurée, et cela sans le moindre espoir de voir un jour sa larve remuer, s'agiter, grandir autour d'elle! Que d'obstacles il a fallu vaincre! Que de fois sur un sol incliné, la pauvre mère a vu son œuf s'échapper, rouler au loin! Comment vous dire ses inquiétudes, ses tourments, ses craintes de ne plus le retrouver? Quel désespoir aussi quand le berceau a été brisé! Mais alors avec quel nouveau courage elle s'est remise à l'œuvre! avec quelle prévoyance plus grande encore elle a reconstruit l'asile de son cher petit! Enfin, à force d'amour, d'intelligence et de réflexion, elle est arrivée à son but; son œuf est en lieu sûr : la larve qui en sortira ne souffrira ni du froid ni de la faim. La mère a tout prévu, sa tâche est terminée, elle meurt tranquille. On dirait presque qu'elle a le sentiment, la conscience d'un devoir accompli.

Les mœurs de toutes les espèces d'ateuchus ou rouleurs de boules sont analogues à celles de l'ateuchus sacré. Il y a des espèces où les mâles aident, dit-on, parfois les femelles à rouler leurs boules. Ils paraissent d'habitude beaucoup moins occupés que leurs compagnes, et des observateurs peu attentifs leur ont fait l'injure, dit M. Maurice Girard, de les comparer à ces guerriers des peuplades sauvages, laissant aux femmes les pénibles travaux. Cependant, le fait seul que les mâles survivent à la fécondation et demeurent assidus auprès des femelles, doit nous amener à une opinion plus conforme aux lois naturelles qui ne laissent la vie qu'aux êtres nécessaires pour perpétuer l'œuvre du créateur.

Les gymnopleures, les sisyphes ont également les plus grands soins pour leur progéniture. Parmi les sisyphes, l'un d'eux, nommé bousier-araignée ou sisyphe de Schæffer : « Les mâles, écrit M. Mulsant, montrent, en général, un attachement moins vif que l'autre sexe pour ces petites pelotes qui doivent servir de berceau à leurs descendants. Souvent, pour mettre à l'épreuve leur amour maternel, il m'est arrivé de transporter dans la main un couple de sisyphes avec le fruit de leurs travaux. Dès que je leur rendais la liberté, le mâle en usait pour s'envoler; la femelle ordinairement restait attachée à la pilule, objet de ses espérances et se résignait à la conduire seule. J'ai vu quelques-unes de ces créatures surprises par la nuit avant d'avoir pu enterrer assez profondément leur globule; le lendemain, de grand matin, je les retrouvais le tenant dans leurs pattes comme un trésor dont elles n'avaient pu se séparer. Cet amour maternel se rencontre chez tous les scarabées rouleurs de boules.

Les copris ne construisent pas habituellement de boules, mais ils creusent des trous proportionnés à leur taille sous les matières stercoraires et y accumulent, mêlées à leurs œufs, les substances nécessaires à la nourriture des larves qui s'entourent pour se transformer d'une coque de bouse séchée. C'est ainsi qu'opère le copris lunaire ou bousier-capucin de Geoffroy.

Il existe, parmi les coléoptères, certains insectes connus sous le nom de nécrophores, qui vivent surtout de matières animales en décomposition et se font remarquer par une prévoyance admirable pour leur progéniture. Ils ont le plus grand soin de mettre en lieu sûr la proie qui doit servir de nourriture à leurs larves; ils pondent leurs

Fig. 15. — Scarabées sacrés des Égyptiens.

œufs sur le cadavre dont leurs jeunes larves pourront se nourrir.

Gledistch, de Berlin, a raconté dans les actes de la Société entomologique de cette ville comment le nécrophore fossoyeur enterre les taupes qui doivent servir de nourriture à leur postérité. Nous avons nous-même vérifié le

Fig. 16. — Nécrophores enterrant un oiseau.

fait cette année. Un matin, je rencontrai dans une allée de mon jardin une taupe morte, qui était dans une petite dépression du sol, et comme je connaissais les mœurs des nécrophores, je soupçonnai qu'elle avait dû être amenée là par un fossoyeur. En effet, je la soulevai et j'aperçus trois ouvriers occupés à lui creuser sa tombe. Je marquai l'endroit où elle reposait, et je revins dans l'après-midi. La fosse était singulièrement agrandie : on ne voyait plus que la tête et les deux pattes de devant de la taupe qui étaient à fleur de terre et remuaient comme si la pauvre bête était encore en vie. Je ne savais comment m'expliquer ces mouvements. Je m'approchai plus près, je soulevai la tête et je vis au ventre de cet animal une ouverture assez large dans laquelle se promenait un nécrophore qui s'était frayé un chemin dans le corps de la taupe pour y déposer ses œufs. Le soir, la taupe était complétement enterrée; je la retirai de sa fosse, le lendemain elle avait disparu, entraînée je ne sais où.

Il est évident, dit Gleditsch, que tout ce travail s'accomplit pour assurer aux petits de ces industrieux insectes un asile et la provision nécessaire pour leur existence. Une taupe aurait longtemps suffi pour les repas des scarabées eux-mêmes, et ils en auraient fait plus commodément leur pâture sur le sol que dessous; mais en laissant à découvert la carcasse contenant leurs œufs, ils les auraient exposés à être dévorés par le premier renard ou corbeau qui les eût aperçus.

LES LÉPIDOPTÈRES

La famille des lépidoptères ou papillons est celle des insectes aux ailes merveilleuses. Et n'allez pas croire que la beauté de l'aile soit un attribut de frivolité. L'aile ne sert pas uniquement à l'insecte, comme on le croit vulgairement, à perdre son temps en courses vagabondes dans les airs ou à courir de fleurs en fleurs. L'aile est un symbole d'amour maternel. Pour l'insecte, c'est le bras qui presse contre le cœur l'être aimé; le bras qui protége, défend; c'est le bras qui aime. L'aile, symbole d'amour maternel, exprime absolument la tendresse de la mère. Toutes les fois que, dans notre langage *figuré*, nous voulons parler de protection, d'affection tendre, de soins empressés, c'est l'aile qui se présente le plus naturellement à nous comme l'image la plus vraie et la plus poétique. Notre vieux et excellent observateur Réaumur avait déjà fait remarquer que les ailes de certains papillons femelles nous apprennent combien nous devons être réservés, en général, à porter des jugements sur les causes finales. Quelqu'un, à qui on demanderait, dit-il, pourquoi la nature a donné de grandes ailes à certains papillons, ne croirait pas courir risque de se tromper en répondant que c'est pour voler que les ailes sont accordées aux animaux, pour les transporter dans les endroits où les jambes ne pourraient pas les conduire ou pour les y transporter plus promptement? Ce n'est pourtant pas pour cette fin que certains papillons ont été pourvus de grandes et belles ailes; ils passent leur vie entière sans s'en servir, sans paraître tenter de s'en servir; ils ne semblent pas savoir que les ailes peuvent les soutenir en l'air.

Les papillons tant mâles que femelles des vers à soie passent aussi leur vie sans voler, mais leurs ailes sont moins grandes que celles des papillons précédents; et il semble qu'ils en voudraient faire usage : le mâle surtout les agite souvent avec vitesse, même pendant qu'il marche. Mais l'agitation de ses ailes lui est peut-être nécessaire pour la fin que la nature paraît avoir toujours en vue pour la conservation de l'espèce.

Les papillons ne sont pas seulement doués d'ailes merveilleuses qui leur serviront, comme nous le verrons, à protéger leurs œufs, à les couver. Les papillons ont des formes trop gracieuses, une façon de vivre trop délicate pour avoir de mauvais instincts, et n'être pas des natures distinguées, des artistes habiles à construire des nids charmants bien préparés pour une organisation impressionnable, pour des êtres qui ne vivront que du suc des fleurs.

L'hiver, quand les frimas se sont accrus, que pas une feuille n'est restée aux arbres; au sommet des plus hautes branches, vous n'apercevez plus que de petites masses blanchâtres semblables à un amas de toiles d'araignées; ce sont des nids de chenilles, des témoignages d'amour maternel. Et voyez quelle admirable prévoyance, c'est à l'endroit de l'arbre où la vitalité est la plus grande, à l'aisselle des bourgeons que les chenilles ont choisi trois feuilles, les ont approchés les unes contre les autres, les ont réunies à l'aide de la soie qu'elles filent tant et si bien que ces feuilles sont complétement enveloppées d'une coque soyeuse qui préservera les insectes du froid et de la pluie, du vent et de la faim. L'eau ne pourra, en effet, pénétrer à travers cette soie imperméable. Le vent aura beau souffler, les pétioles des feuilles plus flexibles que le roseau plieront sans se rompre, et, balancés dans leur nid comme dans un hamac, les insectes sortiront de leur demeure et trouveront sur l'arbre où le nid a été fixé les feuilles nouvelles qui leur serviront de nourriture.

Toutes ces nombreuses chenilles qui savent si bien se construire des demeures dans nos bois et dans nos jardins sont, en général, des chenilles solitaires, c'est-à-dire qui ne vivent pas en société. Elles sont connues sous le nom de plieuses ou de rouleuses, suivant qu'elles plient ou roulent les feuilles pour faire leur nid.

C'est au printemps qu'on peut assister à l'intéressant travail de la confection des nids, surtout dans les bois où se trouvent beaucoup de chênes. On voit alors quantités de feuilles roulées de façons très-diverses. Les unes forment des petits cornets; les autres, roulées en dessous et transversalement, ressemblent à des étuis ou à des cartes à demi-roulées; quelques-unes roulées ensemble présentent l'aspect de tuyaux plus ou moins épais : l'ouvrage de petites chenilles n'ayant d'autres instruments que leurs pattes et leur filière.

Réaumur a décrit jusque dans ses plus petits détails le procédé que certaines chenilles emploient pour rouler les feuilles de nos poiriers, pommiers, groseilliers, rosiers et quantités d'autres arbrisseaux.

Les chenilles plieuses, plus petites que les rouleuses, se logent dans une espèce de boîte plate qu'elles fabriquent et où elles ne laissent qu'un renflement du diamètre de leur corps. Leur travail commence à peu près comme celui des rouleuses, mais lorsqu'une portion de la feuille est pliée, au lieu d'achever le tour, les plieuses se bornent à coller les deux bords l'un contre l'autre, et à joindre les deux surfaces jusque près du pli ; elles y ménagent une petite cavité qu'elles ferment de toutes

Fig. 17. — Feuille de chêne roulée perpendiculairement à la côte.

Fig. 18. — Feuille de chêne roulée parallèlement à la côte.

parts avec des fils entrelacés. Cet abri leur sert de retraite ; elles s'y nourrissent du parenchyme de la feuille, en ayant soin de n'attaquer ni les nervures ni l'épiderme. Il y aurait tout un volume à écrire si on voulait faire la description de toutes les formes de demeures que savent se construire les insectes. Les uns se creusent des trous dans l'intérieur des arbres, d'autres savent se filer des coques pour se transformer en papillon. Ceux-ci s'enfoncent en terre et semblent négliger de se fabriquer une coque; ils font aussi preuve d'industrie en se construisant une sorte de maçonnerie plus ou moins allongée : cette coque terreuse est formée d'une terre pétrie avec soin et dont tous les grains ont été bien pressés les uns contre les autres. Diverses espèces de chenilles, dépourvues de soie, la remplacent par une sorte de colle. Leur coque est très-simple; l'insecte creuse une cavité proportionnée à son volume : pour donner de la consistance à la muraille, il humecte la terre avec sa liqueur et lui fait prendre la forme d'une voûte en la battant avec son corps; la même manœuvre qui produit la voûte en lie les matériaux et les retient en place. La colle en se séchant consolide le nid.

Parmi les chenilles qui ne vivent point solitaires, nous rappellerons seulement la demeure des chenilles républicaines, et dont la discipline, les mœurs, le génie, d'après le récit de Charles Bonnet, se diversifient autant que ceux des différents peuples.

Les nids que se construisent les chenilles républicaines sont pour elles de véritables retraites; elles y sont à l'abri des injures de l'air et toutes s'y renferment dans les temps d'inaction. Nous pavons nos chemins; nos chenilles tapissent les leurs. Elles ne marchent jamais que sur des tapis de soie.

On sait que, pour arriver à l'état de papillon, les chenilles passent par l'état de chrysalide. Sous cette forme, l'insecte n'a pas besoin de prendre de nourriture; il n'a pas, du reste, d'organe pour cela.

Quantité de chrysalides vivent pendant l'hiver, les unes renfermées dans les coques qu'elles se sont filées lorsqu'elles étaient chenilles; les autres sont retirées sous l'écorce de vieux arbres, dans des crevasses de murs, ou même elles sont cachées sous terre.

D'autres chenilles passent l'hiver sous cette forme, dans les retraites qu'elles se font et où elles se tiennent aussi immobiles que si elles étaient mortes.

Les papillons qui passent l'hiver dans des retraites et ne songent à leur postérité qu'au printemps, sont presque une exception, relativement à ceux qui meurent vers la fin de l'été après avoir pondu. Ainsi donc, un très-grand nombre d'espèces ne subsistent plus pendant l'hiver que dans ces œufs. Mais, comme le fait remarquer Réaumur, tout a été combiné par la nature, de façon que la chaleur nécessaire pour faire croître les petites chenilles dans leus œufs, est la même qui est nécessaire pour faire pousser les feuilles des plantes et des arbres propres à les nourrir quand elles ont acquis la force de briser leur coque, d'en sortir, : elles trouvent leur nourriture dans les aliments que leurs besoins leur font chercher.

Nous voyons par ces différentes considérations que les nids des insectes ne sont pas uniquement construits pour eux, mais surtout pour abriter leurs œufs. C'est, du reste, dans le soin que mettent ces petits êtres à bien abriter leur progéniture qu'éclate leur prévoyance maternelle : non-seulement il faut que l'œuf soit bien placé pour être à l'abri des injures du temps, mais il faut en outre que l'être qui en naîtra trouve sa nourriture toute prête et à sa portée. Il n'est pas une mère de chenille qui ne sache prévoir les besoins de sa postérité et qui ne cherche à y pourvoir. Aussi est-ce toujours sur les plantes ou sur les arbres, dont les feuilles peuvent fournir une bonne nourriture aux chenilles qui viennent de naître, que les mères déposent leurs œufs. Et, cependant, ces mères ne se nourrissent point de ces feuilles qui doivent alimenter les petits

Différentes espèces de papillons diurnes dispersent leurs œufs sur les feuilles ou sur les tiges des plantes, les déposant un à un, à certaine distance les uns des autres. Ceux-ci les agglomèrent au contraire si près les uns des autres qu'ils forment des plaques.

Tous ces œufs sont fixés par une sorte de gomme, certains même nagent dans le liquide qui les fixe; c'est ainsi qu'on voit collés aux branches des poiriers ces charmants petits bracelets formés d'œufs d'insectes.

Beaucoup d'autres papillons ne se contentent pas de laisser leurs œufs à découvert; la mère a bien soin, au contraire, d'entourer chaque œuf de poils et de le déposer dans un nid formé de duvet : le tout est si bien recouvert de poils qu'on ne saurait dire si ce sont des œufs qui sont cachés dans cette masse. Ainsi agissent un grand nombre de mères parmi les phalènes.

Réaumur s'est plu à décrire jusque dans les plus minutieux détails les procédés employés par les mères qui s'arrachent les poils pour en couvrir leurs œufs.

Le papillon met généralement vingt-quatre heures à faire sa ponte, et quelquefois deux jours; il y est tellement appliqué que le nid d'œufs et le corps du papillon semblent faire un même corps continu. A mesure que le paquet d'œufs croit, le papillon se tire un peu en avant, mais il ne s'en éloigne jamais assez pour ne pas les couvrir en partie avec le bout de ses ailes; ce sont même ses ailes appliquées sur ce tas d'œufs qui, selon Réaumur, aident encore à faire croire qu'il est la partie postérieure du corps de l'insecte.

Les papillons femelles de nos chenilles à oreille du chêne et de l'orme recouvrent également leurs œufs de poils ordinairement roux ou couleur chamois; ils en forment des plaques qu'elles appliquent assez souvent contre les troncs des arbres et plus souvent contre leurs grosses branches et en dessous. Ce n'est qu'au printemps que doivent éclore les chenilles de ces œufs qui ont été pondus dans le mois de juillet. Étant placés en dessous des branches, ils sont moins exposés à être gâtés par les pluies. Aussi trouve-t-on ces nids bien entiers, bien sains à la fin de l'hiver; tout le changement qu'on y remarque, c'est dans la couleur de leurs poils qui est devenue plus blanchâtre : ces papillons et ceux de la chenille commune ne quittent ce cher berceau que pour mourir.

Parmi les lépidoptères dont l'amour maternel porte grand dommage à nos moissons, nous citerons en première ligne l'alucite. Dès qu'une femelle est fécondée, on la voit voltiger autour des épis de froment ou d'orge;

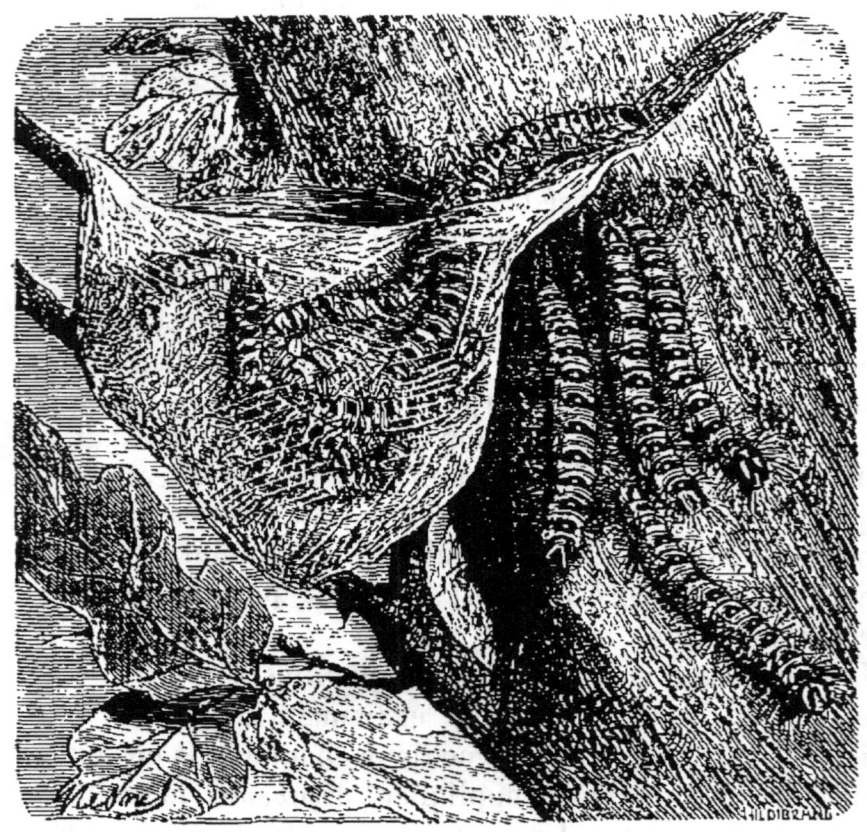

Fig. 19. — Chenilles processionnaires.

elle s'adresse de préférence au froment soit sur pied, soit dans les greniers : dépose ses œufs à la surface du grain et particulièrement dans l'intérieur de la rainure. Les œufs sont rouges et longs de deux tiers de millimètre.

Au bout de huit à dix jours, on en voit sortir une chenille ou petit vers blanc. Cette jeune larve, armée de fortes mandibules, pratique une ouverture presque imperceptible dans l'écorce du grain, dans la rainure même, pénètre et s'établit dans l'intérieur qu'elle dévore peu à peu, de telle sorte qu'après quelques semaines, il ne reste plus du blé qu'une vessie creuse.

L'alucite reste à l'état de chenille pendant vingt ou vingt-cinq jours. A ce moment, elle se change en nymphe : huit à dix jours après, elle est transformée en insecte parfait, en papillon. Bientôt après la ponte des femelles a lieu. Chaque femelle dépose un œuf sur chaque grain ; elle recommence la même opération jusqu'à ce qu'elle ait achevé toute sa ponte qui est d'une centaine d'œufs. Aussitôt après, elle meurt. Souvent éclose le matin, elle meurt de vieillesse le lendemain. Eh bien, pendant cette vie éphémère, l'alucite enlève des millions à l'agriculture.

D'autres lépidoptères, connus par les ravages qu'ils causent dans les bois, ont pour leurs petits un instinct de conservation admirable. Ainsi, la femelle du bombyx processionnaire, a soin de pondre ses œufs sur le tronc des chênes ou à la naisssance des grosses branches ; elle les couvre de longs poils dont elle dépouille son abdomen, leur en forme un nid bien chaud, et, chose remarquable, ces œufs sont toujours déposés au nord-est ou à l'est, sur le bord des allées ou sur la lisière, et jamais dans l'intérieur des massifs.

LES HYMÉNOPTÈRES

Il faut avoir, dira-t-on peut-être, bien du temps de reste pour s'occuper de l'amour maternel d'un insecte. Pourquoi tant d'attention pour de méchants petits animaux qui ravagent nos champs, pillent nos jardins et troublent notre sommeil ; mais je vous répondrai avec Virey, quelque inconvénient qu'il puisse y avoir à se rendre l'avocat des bêtes dans le monde, nous demanderons hardiment si le génie de nos grands politiques est beaucoup plus sage réellement que celui des abeilles ou des fourmis, toute proportion gardée, et si bien des artisans ont beaucoup plus d'industrie que l'araignée ou le ver à soie. Qu'est-ce que la plupart de nos occupations si vaines, si extravagantes, pour ne point parler des soins bizarres d'un ambitieux, ou d'un avare, ou d'un poëte médiocre? Ces travaux sont-ils beaucoup plus importants dans la réalité, en la nature, que ceux d'un simple insecte veillant à sa progéniture? L'histoire des hyménoptères répondra suffisamment à cette question. Cette grande famille d'insectes comprend tous ceux qui ont quatre ailes nues, croisées horizontalement sur le corps, entièrement membraneuses et pourvues de nervures sans articulations. Leur nom dérive de deux mots grecs qui signifient ailes membraneuses. Ce sont de tous les insectes les plus industrieux; ce sont ceux chez lesquels on trouve sinon l'intelligence, du moins l'instinct de conservation, l'amour maternel le plus développé : aucun n'est plus préoccupé d'assurer l'existence de sa postérité. Les uns construisent des demeures immenses pour élever leurs petits; ils leur apportent leur nourriture et n'abandonnent jamais leurs pauvres larves incapables de se nourrir, ni de subvenir eux-mêmes aux besoins de leur existence.

Chez d'autres hyménoptères, les larves sont également incapables de chercher leur nourriture; elles ne peuvent vivre que d'insectes encore vivants : les parents emploient toutes les ruses imaginables pour approvisionner leurs petits de l'aliment qui lui conviendra pendant toute la durée de leur état de larves.

D'autres enfin établissent le berceau de leur postérité dans le corps même des insectes qui leur servent de nourriture en même temps que de berceau.

L'amour maternel ne pouvait manquer d'être très-développé chez ces insectes qui sont très-intelligents qui vivent en société, qui ont quatre ailes et se nourrissent des mets les plus délicats et les plus suaves. Le nectar ou miel des fleurs, mêlé à leur pollen, constitue une gelée parfumée, sorte d'ambroisie servie à des larves qui, comme les petits des espèces intelligentes, ne peuvent se nourrir seules et sont longtemps débiles et subissent des métamorphoses complètes. Cet amour maternel plus grand devait naturellement s'accuser par des nids mieux confectionnés. C'est, en effet, ce que nous voyons chez presque tous les hyménoptères qui n'ont point de rivaux dans l'art de construire des nids et des nids suspendus.

Sans parler des nids de fourmis ni des cellules d'abeilles que tout le monde connaît et qui ont été tant de fois décrits. Combien d'autres témoignages encore de la tendresse maternelle des hyménoptères dans la construction des nids !

Les bourdons qui sont de la famille des abeilles construisent leur nid dans les prairies. Ils savent avec leurs mandibules et leurs jambes carder la mousse dont ils le recouvrent; ils donnent à la couverture la forme d'un petit dôme, à peu près hémisphérique, qu'ils plafonnent proprement avec de la cire. Qu'on enlève cette couverture, on trouve au-dessous deux ou trois gâteaux : ils ne sont faits que de cire, et leurs cellules ne sont point hexagones comme celles des abeilles; ce sont des coques de soie, de figure ovale; les unes sont fermées, les autres sont ouvertes et ressemblent mieux à des cellules : celles-là logent une nymphe, celles-ci ont été ouvertes par l'insecte parfait qui a pris son vol.

« La manière dont ces abeilles sauvages, dit Charles Bonnet, charrient la mousse est tout à fait ingénieuse : un premier bourdon tournant le dos au nid saisit avec ses dents et ses premières jambes quelques filaments de mousse; les premières jambes donnent les filaments aux jambes postérieures qui, les faisant passer par delà le derrière, les donnent à un second bourdon placé à la suite du premier ; celui-ci transmet de même les filaments à un troisième bourdon qui les fait passer à un quatrième, qui les pousse vers un cinquième, et c'est ainsi que la petite provision de mousse est conduite par

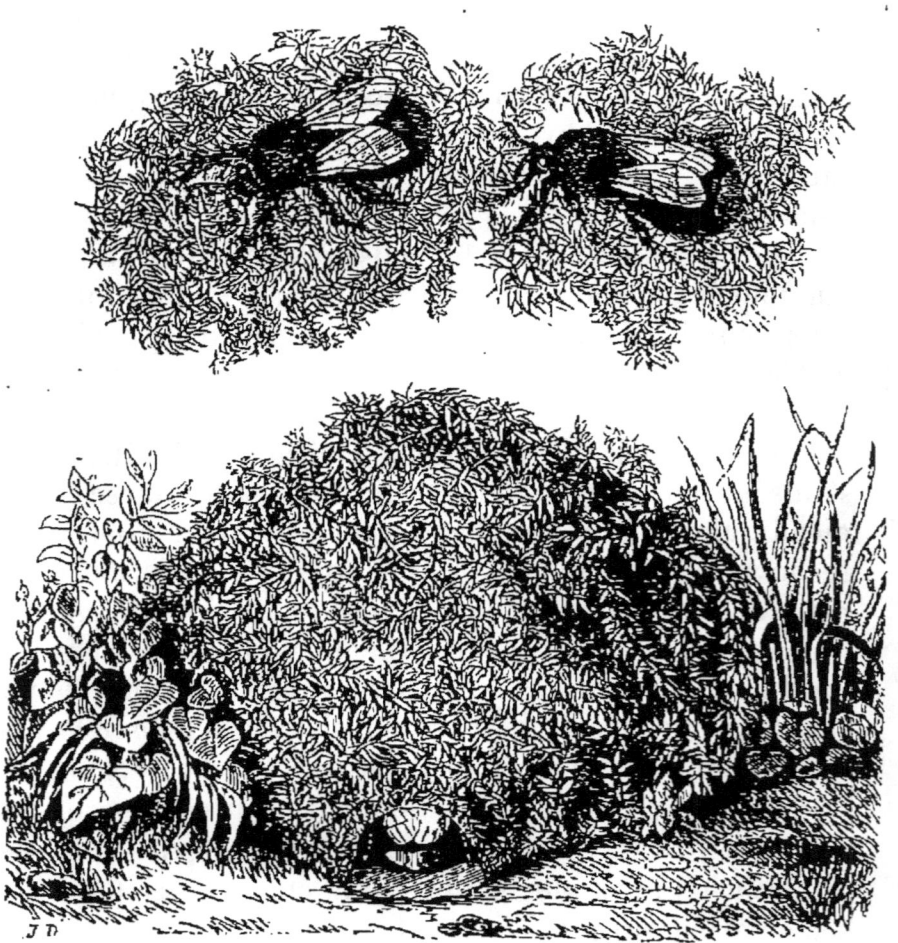

Fig. 20. — Nid de bourdons carleurs.

une chaîne de bourdons du lieu où elle est recueillie jusqu'à celui où elle est mise en œuvre.

« Au bas des logements est une porte à laquelle aboutissent des galeries en berceau, recouvertes de mousses comme le toit. »

Quand la mère bourdon, qui est d'abord seule à construire les cellules ou berceaux de ses petits, en a achevé quelques-unes, elle va chercher du miel et du pollen sur les fleurs, en prépare une pâtée qu'elle dépose au fond ; ensuite elle pond six ou sept œufs dans chaque cellule : de ces œufs naissent des larves blanches sans pattes trouvant toute sorte de nourriture qu'une mère prévoyante ne cesse de leur apporter. Il n'éclôt d'abord que des ouvrières ou petites femelles infécondes, mais animées d'un admirable sentiment de fraternité : à peine en état de se nourrir, elles aident aussitôt la mère dans son travail, et ramassent de la nourriture pour les jeunes larves leurs sœurs. Elles achèvent le nid, et l'agrandissent pour les besoins de la population : plus tard, elles aident encore les nymphes à se débarrasser de leur enveloppe. Bientôt la mère n'est plus occupée que du soin de la propagation de l'espèce, elle ne fait plus que pondre.

Ce n'est pas tout, les bourdons ne se contentent pas de savoir préparer un nid où leurs petits seront parfaitement à l'abri, où ils trouveront une excellente nourriture. Un naturaliste anglais, Newport, a constaté que le père et la mère chez les bourdons sont, comme certains oiseaux, de très-bons couveurs. Il les a vus se placer au-dessus des coques de soie où résident les nymphes prêtes à éclore, et, par une respiration volontairement activée, ainsi que le témoignent les rapides inspirations de leur abdomen, élèvent la température de leur corps, et par suite celle des nymphes au-dessus de celle de l'air du nid. Dans une des expériences faites à ce sujet, l'air du nid étant à 24°,0, le thermomètre placé sous quatre bourdons couveurs monta à 34°,5. Les jeunes bourdons sortaient de leurs coques après plusieurs heures de ces incubations dans lesquelles les insectes couveurs se relayent.

C'est en étudiant les bourdons que le comte Lepelletier Saint-Fargeau fit une curieuse découverte qui éclaira toute l'histoire des hyménoptères nidifiants. Il avait reconnu qu'on trouve dans nos bois certains insectes ayant tout à fait l'apparence de bourdons par leur corps poilu, à bandes de diverses couleurs, mais dont les pattes postérieures, étroites et non dilatées, sans épines ni corbeille, ni brosses, ne peuvent construire de nid ni récolter de pollen. Ce sont les psithyres qui, incapables de nourrir leurs larves, vont pondre leurs œufs au milieu de la pâtée des bourdons, et, ceux-ci confondant les enfants étrangers avec les leurs, les entourent de la même sollicitude. Vêtus comme les légitimes propriétaires du nid, ils trompent les yeux vigilants des ouvrières. Reprocherons-nous aux bourdons leur stratagème, leur incapacité de nidification ; ils ne sont point organisés pour construire, mais ils n'en ont pas moins l'instinct de conservation très-développé ; et n'est-ce pas une chose merveilleuse que si l'art leur manque, le sentiment leur reste ; l'amour maternel est tellement inhérent au cœur des bêtes, il est tellement lié à l'instinct de conservation, que si imparfaite que soit l'organisation d'un animal, il sait toujours assurer l'existence de l'espèce.

Un grand nombre de mellifiques vivent isolées. Les femelles seules construisent des nids divisés en cellules et ne sécrètent plus de cire. Dans chacune est disposé un œuf, et la jeune larve sans pattes se nourrit de miel et de pollen accumulés par la mère, puis devient nymphe tantôt nue, tantôt dans une mince coque de soie. Il y a, comme le fait observer judicieusement M. Maurice Girard, une complète identité dans les métamorphoses des insectes et les constructions des nids les plus diverses. Toutes ces abeilles solitaires qui nidifient sont des femelles fécondées à la fin de l'été précédent et qui ont passé l'hiver engourdies. Elles bouchent leur nid, après qu'il est rempli d'œufs et de pâtée mielleuse, et meurent sans voir éclore cette postérité pour laquelle elles ont cependant l'attachement le plus vif.

Les antophores, dont les pattes postérieures, munies de brosses, peuvent ramasser du pollen et construire, sont moins bien organisées cependant que les abeilles; on les en distingue, parce qu'elles sont plus velues et grisâtres, elles font des nids moins perfectionnés : c'est un simple tuyau courbe en terre gâchée et agglutiné par leur salive, divisé par des cloisons terreuses en cellules, dont chacune contient une larve entourée de pâtée et que la mère défend avec vaillance. Et voyez quelle admirable harmonie, d'autres insectes, si semblables aux antophores qu'on dirait leurs sœurs, les mélectes, sont dépourvus d'instruments propres à recueillir le pollen et ne peuvent construire de nids. Mais les antophores, qui semblent comprendre que les mélectes ont été moins dotées par la nature, les laissent pénétrer dans leur galerie et déposer leurs œufs au milieu de leur pâtée.

On connaît aussi l'habileté de l'abeille charpentière ou perce-bois qui creuse des galeries dans le bois vermoulu, suivant le sens des fibres, et y place une série de cellules superposées : dans chaque cellule elle dépose une quantité de pollen mêlé de miel, exactement calculé pour chaque larve dans laquelle est un œuf.

Dans un autre groupe d'abeilles solitaires, les pattes postérieures sont aussi impropres à récolter le pollen des fleurs, mais leur abdomen est muni de poils qui font l'office de brosses et compensent l'imperfection des pattes. Telles sont les chalicodomes et les osmies qui ressemblent à de petits bourdons, construisent les murs des nids en terre gâchée d'une dureté extrême; ce sont elles que Réaumur appelle abeilles maçonnes.

En voici d'autres, ce sont les abeilles coupeuses de feuilles; quand les rosiers sont en fleurs, il est rare qu'on n'ait pas l'occasion de voir la mégachile préparant son nid. Tenez, elle est arrêtée sur un pétale. Voyez comme elle travaille cette feuille avec art, avec amour. Voici un premier fragment admirablement découpé; on dirait qu'il l'a été à l'emporte-pièce. En voici un second, puis un troisième. La provision est suffisante pour le moment : la mégachile les approche les uns des autres et leur donne la forme d'un dé à coudre ; elle les emporte dans son nid pour le tapisser, mais une seule tenture s'userait

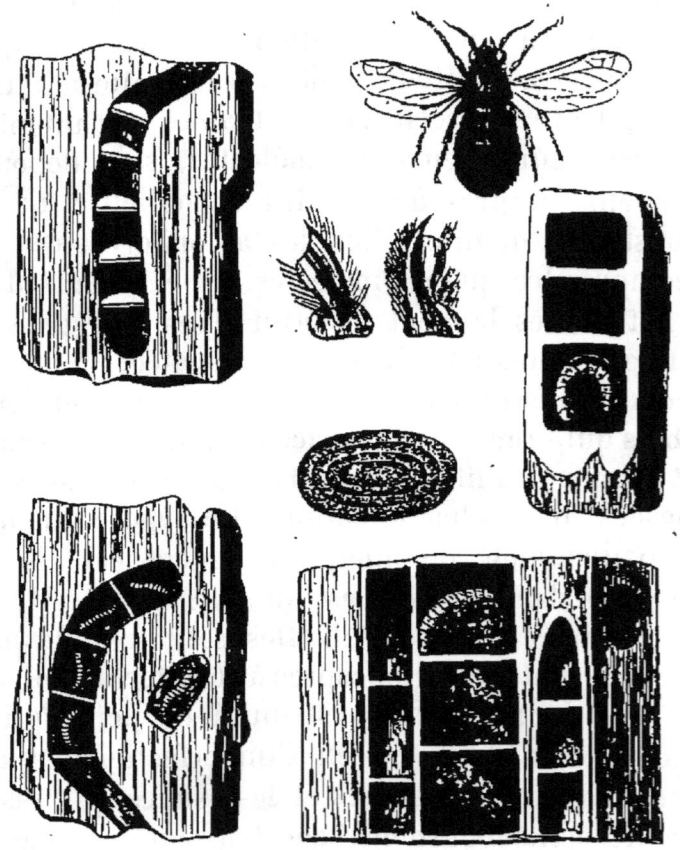

Fig. 21. — Abeille charpentière. Nymphes, œufs, galerie et nids.

vite, l'humidité pourrait la dégrader, le berceau de l'enfant ne serait pas suffisamment capitonné ; il aurait froid, le pauvre petit. L'abeille tapissière a soin d'appliquer huit à dix feuilles les unes sur les autres, et quand elle est sûre que le nid ne laisse plus rien à désirer, elle y dépose son œuf et met à côté de lui la quantité de nourriture suffisante pour que le petit orphelin trouve à sa naissance sa vie bien assurée.

Une autre abeille enfin, que les savants nomment anthocope, met peut-être plus de recherche encore dans la confection du berceau de sa chère petite larve : elle creuse en terre un petit conduit en guise de nid, puis elle va chercher les fleurs les plus douces, les plus gaies en couleur, celles du coquelicot; elle en tapisse son nid, et là, à côté d'une provision de miel, elle abandonne son œuf, ayant le plus grand soin de fermer hermétiquement la douce retraite de sa chère progéniture.

Son petit qui naîtra sur un lit de rose s'épanouira au même instant que les fleurs qui, après l'avoir abrité, lui offriront leur suc pour nourriture. Cette existence harmonique va et marche, selon Burdach, au même rhythme des moments de la journée. Chaque fleur au suc de laquelle est assigné un insecte s'épanouit à l'heure de son repos. Ils sentent ainsi leur unité, l'amour les attire l'un vers l'autre.

LES GUÊPES

Les guêpes ne vivent pas comme les abeilles que du suc des fleurs; elles aiment aussi le miel, le sucre et les fruits, mais comme entremets; autrement, elles préfèrent les viandes saignantes : on leur a dit sans doute qu'il fallait manger beaucoup de beef-steaks pour se fortifier, aussi tombent-elles avec passion sur les larves et les mouches qui sont de leur goût.

Ce régime de sang, auquel on condamne également notre pauvre espèce, me paraît détestable; il doit influer d'une manière déplorable sur le caractère.

Les guêpes ont des mœurs fort cruelles, des habitudes de rapacité ou de vol bien différentes de celles des abeilles. Elles sont imprévoyantes et n'ont plus le même amour pour leurs petits; ainsi l'a voulu la nature qui ne leur a point donné de poils pour récolter le pollen des fleurs, mais en revanche les a munies de fortes mandibules pour tailler, broyer, combattre. Ce sont des brigands bien armés qui s'en vont livrer bataille pour vivre. Leur vie n'est qu'une suite d'expéditions, de pillage. Une bande s'en ira attaquer une ruche d'abeilles, un baril de sucre chez l'épicier, faute de mieux, une poire ou une pêche.

Une autre bande ira déclarer la guerre aux mouches, et même aux viandes que le boucher suspend à son étal, et revient joyeusement au nid distribuer sa proie aux plus grosses larves ouvrant une bouche avide.

C'est à l'aide de leurs fortes mandibules et au moyen d'une salive particulière que les guêpes composent une sorte de carton servant à faire des guêpiers.

M. Maurice Girard a parfaitement résumé la formation de leurs nids, qui présentent des feuillets papyracés entourant les gâteaux composés de cellules hexagonales sur un seul rang. La guêpe commune fait son nid sous terre avec un boyau de sortie; la guêpe rousse ou guêpe des arbustes, un peu plus petite, suspend son guêpier entouré de nombreux feuillets aux branches des arbres. La guêpe frelon, de très-grosse taille, fait son nid dans les troncs d'arbres avec un carton jaunâtre très-friable, composé d'écorces d'arbres. Les nids sont toujours commencés au printemps par une seule femelle féconde à la fois architecte et nourrice. Ses premiers œufs donnent des ouvriers (femelles avortées) qui ne tardent pas à suppléer la mère dans ses soins et agrandissent le nid. Au milieu de l'été, la mère-guêpe pond des œufs de mâles, de femelles et encore de neutres. Les larves sont soignées dès lors par les ouvrières seules qui leur apportent du miel et aussi des morceaux de fruits et d'insectes, du jus de viande. Le nid est gardé par des sentinelles qui veillent aux abords, rentrent lors du danger et avertissent les guêpes qui sortent en colère et piquent les agresseurs.

Au mois d'octobre, les neutres cessent de construire

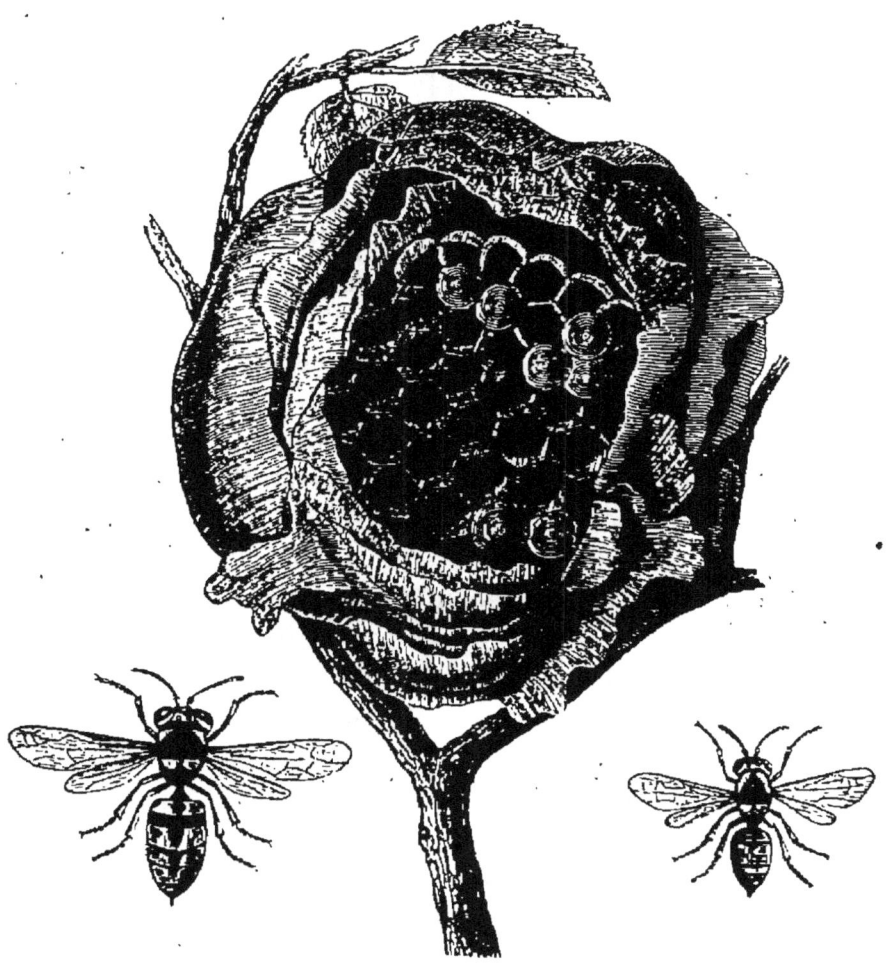

Fig. 22.
Guêpe commune. Nid de guêpes. Guêpe des arbustes.

et de nourrir des larves, elles tuent et jettent dehors les dernières larves qui, du reste, périraient de faim; puis les mâles, les ouvrières, une partie des femelles meurent de froid. D'autres, plus vivaces et fécondées, sortent du guêpier abandonné, et hivernent dans des trous pour perpétuer l'espèce au printemps.

L'économie d'un nid de guêpes diffère d'un nid d'abeilles, en ce que les œufs de guêpe ne sont pas pondus par une seule mère ou reine, mais par plusieurs; et les mères partagent les soins des ouvrières pour nourrir les jeunes larves. En effet, les premières écloses sont nourries exclusivement par la mère qui les a produites. Fondatrice solitaire de la colonie, seule survivante probablement de l'essaim mort l'année précédente, cette femelle, à peine ravivée par la chaleur du printemps, se met à construire quelques cellules et y dépose des œufs de guêpes ouvrières. Ces œufs sont couverts d'un enduit qui les fixe si solidement contre les parois des cellules qu'il n'est pas aisé de les séparer sans rupture. Il paraîtrait qu'ils ont besoin d'être soignés depuis le moment de la ponte, car plusieurs fois par jour la guêpe introduit la tête dans les cellules où ils sont déposés; enfin ils sont éclos...

Il est amusant de voir avec quelle activité la mère court de l'un à l'autre, plongeant la tête dans les cellules où les larves sont encore très-jeunes, tandis que les larves plus avancées en âge élèvent elles-mêmes leurs larves au-dessus de leur berceau, et par leurs petits mouvements semblent demander leur nourriture. Aussitôt qu'elles ont reçu leur portion, elles rentrent et se tiennent tranquilles; c'est ainsi qu'elles sont nourricières jusqu'à ce qu'elles passent à l'état de nymphes. Douze heures après être devenues des guêpes parfaites, elles se mettent déjà à l'ouvrage pour construire de nouvelles cellules, et aident leur mère à nourrir les larves leurs plus jeunes sœurs qui viennent de naître. En quelques semaines, la société se trouve donc augmentée de quelques centaines d'ouvrières et de plusieurs femelles qui, sans distinction, se consacrent à élever les petites larves de plus en plus nombreuses.

Il y a lieu de penser, dit Bonnet, que les femelles et

les ouvrières proportionnent la qualité de la nourriture à l'âge des petits. On observe qu'elles n'administrent qu'une sorte de liqueur aux plus jeunes et qu'elles donnent des nourritures solides aux plus âgés. Elles leur distribuent la becquée à la manière des oiseaux en la leur dégorgeant dans la bouche après l'avoir digérée en partie. On voit les petits s'avancer hors de la cellule et ouvrir la bouche pour la recevoir. On peut même les élever à la brochette comme les oiseaux. Quand ils n'ont plus à croître, ils ferment eux-mêmes leur cellule avec un couvercle de soie, et s'y transforment en nymphes.

Le nid des guêpes mineuses mérite d'être décrit, car ces insectes savent admirablement excaver la terre et y pratiquer un terrain spacieux pour y loger commodément leur guêpier. Quelquefois néanmoins elles trouvent le moyen de retrancher beaucoup de ce rude travail en profitant habilement des souterrains que se creuse la taupe. Une galerie plus ou moins longue et plus ou moins tortueuse conduit à la porte de la petite ville souterraine; c'est un chemin battu que les habitants savent toujours retrouver et dont l'entrée imite celle d'un clapier de lapin.

Que d'autres nids charmants sont encore construits par la poliste française! Aucune mère d'insecte ne m'a paru plus charmante, plus dévouée, plus attentive à son travail. Il n'y a pas d'artiste plus pénétré de son sujet, si entraîné par son sentiment, par son imagination, et qui mette tant d'ardeur à son œuvre. J'ai vu au mois de mai cette guêpe aux formes élégantes se promener parmi les grandes herbes de mon jardin, allant de ci, de là, s'arrêtant tantôt sur l'une, tantôt sur l'autre, ayant l'air de s'assurer de leur résistance, et enfin s'arrêter à celle qui lui avait paru le plus solide pour y établir son nid. Une fois à la besogne, elle ne se repose pas que son œuvre soit achevée. J'ai pu l'observer dans son travail sans qu'elle parût s'en effrayer.

Il paraît même qu'on peut détacher le nid et le transporter où l'on veut, sans que la mère et les ouvrières songent à le quitter, et ces pauvres insectes sont si attachés aux larves et aux nymphes renfermées dans les alvéoles qu'ils ne pensent même pas à se servir de leur aiguillon, s'oubliant en entier dans leur préoccupation maternelle.

Cette ardeur d'amour maternel, cette prévoyance pour la conservation de l'espèce n'est-elle pas encore admi-

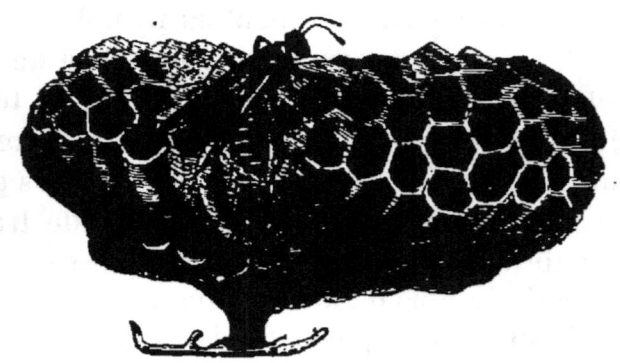

Fig. 23. — Nid de poliste française.

rable dans ces guêpes solitaires qui, adultes, vivent du miel des fleurs, et semblent, une fois devenues mères, se souvenir du goût de leur enfance. Ces insectes creusent des trous dans la terre et dans les tiges de diverses plantes, et y établissent des cellules dans chacune desquelles est pondu un œuf que la mère entoure d'un certain nombre de larves, souvent toutes de la même espèce et destinées à fournir une proie à la larve molle et sans pattes qui sortira de l'œuf. Non-seulement la mère sait quelle nourriture conviendra à sa larve, mais elle sait de plus comment leur procurer une pâture toujours fraîche; elle perce de son aiguillon les larves ou les insectes adultes, de telle sorte que, sans mourir, ils sont engourdis et immobiles, et sont toujours chair fraîche pour les petites larves.

Si certaines guêpes ne donnent à leur progéniture que des individus d'une seule espèce d'insectes; d'autres, à défaut de ces insectes qu'on ne rencontre pas toujours assez abondamment, choisissent des espèces différentes du même genre ou de même famille; certaines, ne respectant les limites ni du genre ni de la famille, puisent dans l'enceinte d'un même ordre des espèces de genres et de familles très-dissemblables.

L'odynère spinipède distribue à chacun de ses petits une brochette de douze chenilles de la même espèce.

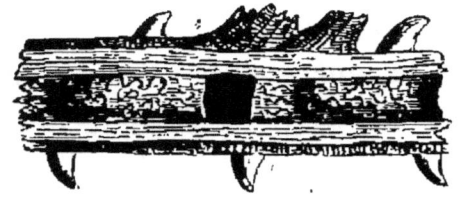

Fig. 24. — Nid de l'odynère dans une tige de ronce.

Le philante apivore, de Latreille, enfouit des abeilles à miel pour nourrir ses petits; le tripoxilon figulus fournit d'araignées les cellules de ses larves; le solenius rubicola ne donne à ses petits que des diptères.

Le cerceris est de tous celui qui a le goût le plus recherché; il n'alimente sa famille qu'avec les espèces les plus distinguées, les plus somptueuses du genre bupreste ou richard.

Ces insectes montrent une admirable prévoyance pour leur progéniture dans la confection de leur nid. Ils choisissent un terrain dont la surface est battue, compacte et solide, exposée au soleil. Notre hyménoptère fouilleur, dit M. Rendu, creuse sa galerie au moyen de ses mandibules et de ses tarses antérieurs qui, à cet effet, sont garnis de piquants roides faisant l'office de râteaux. Il ne faut pas que l'orifice ait seulement le diamètre du corps du mineur, il faut qu'il puisse admettre une proie bien plus épaisse que lui; c'est une prévoyance admirable. A mesure que le cerceris s'enfonce dans le sol, il amène au dehors les déblais. Cette galerie n'est pas verticale, ce qui l'aurait infailliblement exposée à se combler soit par l'effet du vent, soit par bien d'autres causes. Non loin de son origine, elle forme un coude qui, le plus souvent, m'a semblé dirigé du midi au nord pour revenir ensuite obliquement vers l'axe perpendiculaire. Elle a de sept à huit pouces de longueur. C'est au delà de sa terminaison que l'industrieuse mère établit les berceaux de sa postérité. Ces derniers sont formés de cinq cellules séparées et indépendantes les unes des autres, disposées en une sorte de demi-cercle, creusées de manière à avoir la forme et presque la grandeur d'une olive, polies et solides à leur intérieur. Chacune d'elles est assez grande pour contenir trois buprestes, ration ordinaire de chaque larve. Il parait que la mère pond un œuf au milieu des trois victimes, et bouche ensuite la cellule avec de la terre, de manière que quand l'approvisionnement de toute la couvée est terminé, il n'existe plus de communication avec la galerie.

Les visites de cette mère dévouée ne se bornent pas au temps où elle approvisionne sa famille; vers la mi-août, quand les buprestes sont consommés et que les larves sont hermétiquement recluses dans leurs cocons, on voit encore entrer le cerceris dans sa galerie sans y rien apporter. Il est évident que cette vigilante mère va s'assurer, par des visites réitérées, qu'aucun ennemi, qu'aucun accident ne menace ni ne dérange le précieux réceptacle de sa progéniture.

Il y a dans la mission du cerceris de placer, à une grande profondeur du sol les berceaux de sa progéniture, un instinct presque sublime. Cette profondeur est l'indice que les larves doivent passer toute la mauvaise saison dans leurs clapiers. Ne croirait-on pas que la sollicitude maternelle de ce faible insecte a eu pour but, dans ses travaux souterrains, de prémunir le corps délicat et l'existence passive de ses larves contre les glaces et les inondations de l'hiver. Et cependant, cette mère si prévoyante, ne connaîtra jamais ses enfants! Et l'expérience n'a pas non plus appris au cerceris qu'il devait exister un hiver et des frimas, puisqu'il vient au monde à l'époque des plus fortes chaleurs de l'été, puisqu'après avoir reproduit son espèce et avoir réglé les destinées actuelles et futures de sa famille, l'individu meurt avant que la température ait cessé d'être élevée.

LES ICHNEUMONS

Les ichneumons sont des hyménoptères très-élégants de forme, très-variés de couleurs, dont le corps svelte est tantôt cylindrique, tantôt en fuseau, parfois comprimé en faucille. On les reconnaît surtout à leurs antennes longues et toujours vibrantes et à leur tarière qui semble remplacer, chez eux, l'aiguillon absent, et en quelque sorte l'instrument de tendresse maternelle : cette tarière leur sert à la fois à scier et à forer; elle ouvre aussi un passage aux œufs à travers le bois, le mortier et le corps des insectes, au besoin elle leur sert d'arme défensive. A l'état parfait, ces jolis insectes se nourrissent du suc des fleurs, ils sont très-doux, mais aux approches de la maternité ils changent de mœurs, deviennent cruels et ne songent plus qu'à leur postérité. Tandis que les hyménoptères, que nous venons d'étudier, alimentaient leurs larves de proie vivante, engourdie, disposée d'avance auprès d'elles, les ichneumons, dont les larves sont pareillement carnassières, déposent leurs œufs sous la peau de divers insectes, larves ou chenilles. On s'est demandé pourquoi l'ichneumon est toujours en mouvement, c'est que cette pauvre petite bête, pleine de prévoyance maternelle, est toute préoccupée de découvrir un berceau convenable pour ses œufs. Est-ce la chenille d'un papillon ou d'une mite qui doit être l'aliment nécessaire à ses petits? Elle semble vraiment y réfléchir, et enfin se décide. La victime est choisie, la tarière entre en jeu; la mère commence sa ponte : dans son incroyable prévoyance, elle a jugé à la grosseur de sa victime la quantité d'œufs qu'elle peut lui déposer. Elle semble aussi tenir compte de la longévité, car elle préfère pour déposer ses œufs des insectes jeunes, des larves qui, pendant longtemps, fourniront une nourriture suffisante à ses petits; elle a soin enfin d'enfoncer son œuf à une assez grande profondeur pour que la chenille, sur laquelle il est déposé, puisse changer de peau et rejeter sa dépouille sans expulser en même temps la larve naissante qui commence par se nourrir du tissu graisseux, mais se garde bien d'attaquer l'estomac, l'intestin de sa nourrice; il faut la laisser vivre aussi longtemps qu'on a besoin d'elle.

Les chrysides eux n'ont point de tarière, et on se demande comment ils vont s'y prendre pour assurer la vie à leur progéniture. Cela est bien simple. Les mères chrysides s'en vont pondre dans les nids des hyménoptères fouilleurs et mellifères; souvent aussi elles choisissent celui de l'abeille solitaire. Mais ce n'est pas sans danger que la pauvre mère pénètre dans la demeure d'autrui ; elle paye souvent de sa vie son dévouement à ses enfants. A peine est-elle entrée chez les abeilles que celles-ci se précipitent sur elle et cherchent à la blesser avec leur aiguillon.

La chryside heureusement a la peau épaisse; elle se roule en boule, et de telle sorte que l'abeille ne sait pas par où l'attaquer. Elle fait tant et si bien qu'elle arrive toujours à ses fins : elle dépose ses œufs, desquels naîtront de petites chrysides qui se nourriront des larves des abeilles.

On connaît l'histoire de l'hédychre royal, qui se permit d'entrer dans le nid d'une osmie. Une lutte violente s'engagea entre ces deux insectes. L'osmie se précipita avec fureur sur la chryside, qui n'eut d'autres moyens de défense, que de se replier sur elle-même. En vain l'osmie la secoua de toutes ses forces, cherchant à la blesser; elle ne put y réussir. Elle s'avisa alors de lui couper les ailes et de la jeter dehors. Cette pauvre mère ne pouvait plus explorer d'autres nids. Inquiète, tourmentée, elle trouva dans son amour maternel un nouveau courage, elle retourna vers le nid de l'osmie, et, profitant d'un moment où le maître du logis était absent, elle s'y insinua rapidement et put ainsi à force de persévérance assurer la vie à sa progéniture. La nature, du reste, a pourvu les femelles des chrysidiens et les mouches ichneumones d'un instrument spécial qui doit leur servir pour mettre leurs œufs en lieu sûr. Au lieu d'un aiguillon comme on en voit chez l'abeille et le frelon, elles sont armées d'une tarière plus ou moins longue et acérée qui leur sert à piquer, à scier les végétaux et à introduire leurs œufs sous la peau des animaux.

Vous avez vu au printemps cette mouche au corps jaune et luisant, à la poitrine noire, qui voltige lentement quand elle est appesantie par le fardeau de sa maternité, c'est une mouche à scie, l'hylotome des rosiers. Si vous l'avez observée, vous avez dû remarquer son attention à chercher, à choisir l'endroit dans lequel elle veut déposer son précieux fardeau. Son devoir accompli, vous l'avez vue s'arrêter, se cramponner à une tige, la creuser, puis laisser y glisser son œuf entre les lances de sa tarière, et, pour que les parois de ce berceau ne viennent pas à se rapprocher et à écraser son dépôt, l'hylotome sécrète un liquide qui durcit la fibre végétale et fixe les œufs à sa paroi. Quand la larve naîtra, elle trouvera près d'elle la nourriture qui doit ici convenir, la feuille du rosier.

Plus nous avancerons dans notre étude sur l'amour maternel chez les animaux, plus nous trouverons parmi les différentes tribus d'insectes des industries merveilleuses dont le but est de venir en aide à la propagation de l'espèce. Les mouches scieuses n'ont rien à envier dans leur genre ni à la perfection de nos outils, ni à l'habileté de nos artisans. La nature leur a donné tout ce qui est nécessaire pour accomplir l'ordre de travaux délicats auxquels se rattache l'avenir de leur progéniture. Ce sont des menuisières accomplies, dont l'art guidé par le sentiment maternel a tout à la fois quelque chose d'admirable et de touchant. Les arbres seuls ont droit de se plaindre de leur industrie et de leur amour maternel.

LES NOURRICES

Nous n'avons point décrit les nids de fourmis, non plus que ceux des abeilles qui sont généralement connus. Nous n'avons pas non plus parlé de l'amour maternel de ces insectes si intelligents, si sociaux. Ah! c'est que les mères des abeilles et des fourmis donnent naissance à une si nombreuse postérité qu'il leur est impossible de prendre soin elles-mêmes de leurs petits. Mais, dit Virey, il reste toujours à expliquer pourquoi la nature condamne des milliers d'abeilles à l'état domestique ou les prive des bienfaits de l'amour en les astreignant à des travaux éternels; et tout cela est pour autrui, pour nourrir soit des larves des enfants qui ne sont pas les leurs, soit des mâles et des reines dans l'oisiveté en leur prodiguant la plus délicieuse ambroisie achetée au prix de tant de fatigues. Mais chez ces insectes il n'existe pas tant d'égoïsme que parmi les hommes sans doute; ces petites créatures savent s'immoler au bien de l'État, avec générosité, avec patriotisme. En effet, la nature ayant établi chez les fourmis comme parmi les abeilles que les femelles pondraient un très-grand nombre d'œufs, et que ces œufs donneraient naissance à des vermisseaux sans pattes, incapables de chercher leurs aliments, de se nourrir d'eux-mêmes, la nature a dû consacrer une partie de la nation à nourrir, élever cette postérité, puisqu'il était impossible à la vraie mère de suffire seule à un tel travail. Celle-ci s'est réservé uniquement les fatigues de la gestation et de l'enfantement; les ouvrières ont été suppléantes pour les autres soins de la maternité; elles ont continué l'œuvre de la propagation; c'est donc le sentiment de l'amour maternel; c'est donc le précieux instinct, ce conservateur des familles et des races chez tous les animaux qui devient la cause des républiques d'abeilles et des autres insectes sociaux. Il n'est véritablement chez eux aucun rang de supériorité : les soins divers de reine ou d'ouvrières ne sont ni plus ni moins glorieux, car ces travaux, qui nous semblent pénibles, sont sans doute entrepris par les ouvrières avec plaisir, avec une généreuse ardeur; elles vivent dans leur reine qui semble concentrer en elle seule la fécondité ôtée à chacune de ses ouvrières. Aussi suivent-elles partout avec amour, comme nous allons le voir, cette reine qui est comme partie d'elles-mêmes. Mais ce qui nous a paru le plus digne de fixer notre attention, ce sont les soins que les nourrices donnent aux petits. A une époque où, en France, chaque année cent mille nourrissons meurent de faim, de misère, faute de soin et de surveillance, nous n'aurons pas perdu notre temps si, par des exemples pris chez des êtres que nous considérons comme au-dessous de nous, nous arrivons à réveiller le sentiment de la maternité, malheureusement si affaibli dans notre société, si nous pouvons aider à déraciner un mauvais préjugé chez les femmes qui peuvent nourrir, si nous pouvons contribuer à remettre l'allaitement maternel en honneur et déterminer l'administration à s'occuper d'une question éminemment sociale, de laquelle dépend la prospérité de la nation. Les enfants, a dit M. Frédéric Passy, sont la semence de la société. Pour que cette semence vive, prospère et produise un jour de bons fruits, il faut la cultiver avec amour et l'entourer de soins incessants depuis son origine jusqu'à son développement le plus complet.

C'est précisément ce qu'ont soin de faire les insectes. Tenez, venez voir cette fourmilière, examinez ce mouvement, ces allées et venues, ce pressant besoin qui pousse, agite et emporte toutes ces petites créatures. On dirait un peuple sortant en foule d'un théâtre. Mais d'où vient cette agitation inaccoutumée? Ah! c'est grande fête aujourd'hui chez les fourmis. Pour la première fois de la saison, elles sont sorties du fond de leur demeure, elles tiennent avec tendresse leurs petits nourrissons entre leurs pattes; on serait tenté de dire : Dans leurs bras; elles les portent avec joie aux premiers rayons du soleil; elles veulent les réchauffer, leur donner la vie plus forte et plus douce. Pas une jeune fourmi ne sera moins aimée que les autres, toutes auront leur place à la lumière; chacune à son tour viendra respirer l'air pur, dilater son corps chétif à la chaleur printanière. Et voyez jusqu'où va la prévoyance : les fourmis ouvrières semblent connaître les dangers de ces premiers rayons solaires; exposer trop longtemps leurs chers bébés à leur ardeur, ce serait compromettre l'existence de ces petits êtres; aussi dès qu'ils sont suffisamment réchauffés, elles ont soin de les reporter à leur « berceau ». Mais l'air a ouvert l'appétit des jeunes fourmis; elles ont faim; leurs nourrices qui sont là, toujours attentives à satisfaire tous leurs besoins, ouvrent doucement la bouche de leurs chers petits, écartent avec précaution leurs mandibules et leur donnent ce qu'elles ont trouvé de meilleur en aliments pour leur faible estomac. Le repas fini, elles les embrassent, les lèchent, les brossent, les caressent et détendent peu à peu leur maillot. Le maillot, elles voudraient déjà le déchirer, impatientes de voir leur nourrisson grand, libre, capable d'affronter l'air et la lumière.

Mais une curiosité si vive est contenue par la crainte. Si, en voulant admirer trop tôt la petite créature bien-aimée, on allait l'exposer à être saisie par le froid ou frappée par un rayon trop ardent? Si elle allait mourir?

Non, le cher petit restera dans son maillot; on n'écartera pas encore les rideaux qui s'ouvrent sur la grande nature. On patientera. Et cependant ses langes le serrent trop, il est à l'étroit; il va peut-être étouffer. Enfin le moment vient où il semble permis d'avoir moins de crainte, on dégage d'abord sa petite tête. Qu'il est heureux! comme il respire avec bonheur! Si maintenant on retirait ses petites pattes? Ah! voilà ses ailes! Il se montre tout entier à la liberté et à la lumière. Mais quand pourra-t-il se diriger seul?

Comme chez toute race supérieure, dit Michelet, la petite fourmi naît faible, inhabile à tout; ses pas sont si chancelants qu'à chaque instant elle tombe sur ses genoux. Sa grande vitalité ne se trahit que par un besoin incessant de nourriture. Aussi quand les chaleurs sont fortes et qu'il faut ouvrir un grand nombre de maillots par jour, on parque les nouveau-nés dans un même point de la cité.

Un jour cependant, ajoute l'auteur de l'*Insecte*, j'en vis une montrer sa tête, un peu pâle encore à l'une des portes de la ville, puis dépasser le seuil et marcher sur le faîte de la fourmilière; mais on ne lui permit pas longtemps cette escapade; une nourrice, la rencontrant, la saisit par le sommet de la tête et l'achemina doucement vers une des portes les plus voisines.

L'enfant fit résistance; il se laissa traîner et, dans la route, ayant rencontré une poutrelle, il en profita pour se roidir et épuiser les forces de sa conductrice. Celle-ci, toujours douce, lâcha prise un instant, fit un tour et revint à la charge auprès de son nourrisson qui, lassé enfin, finit par obéir.

Quand celui-ci est fortifié, il faut le diriger, lui apprendre à connaître le labyrinthe intérieur de la cité, les faubourgs, les avenues qui mènent au dehors, et les sentiers de sa banlieue; puis on le dresse à la chasse, on l'habitue à se pourvoir, à vivre de hasard, et de peu et

Fig. 25. — Les fourmis nourrices.

de tout aliment. La sobriété est la base de toute république. »

Voilà que toutes les jeunes fourmis ont grandi, les ailes ont poussé aux mâles, aux femelles; l'amour les presse, l'imagination les emporte, elles veulent sortir de la fourmilière. Les nourrices ouvrières semblent comprendre que rien ne résiste à l'amour, au besoin d'espace et de liberté; et, au lieu de les retenir, elles ouvrent elles-mêmes les portes aux fourmis ailées.

Néanmoins, elles les suivent avec la tendre inquiétude d'une mère qui voit son enfant échapper à sa direction.

Elles les accompagnent jusqu'au faîte des herbes les plus hautes, comme pour les voir longtemps encore avant la séparation.

Les voilà partis ces joyeux fiancés, tout fiers de leurs vêtements; leurs ailes argentées, transparentes, irisées, brillent d'un éclat inaccoutumé. Les noces vont commencer, de nouvelles colonies s'établir et de nouvelles sociétés se former.

Le sentiment de la maternité est tel chez les insectes, qu'une fois devenue mère, la fourmi renonce aux parures de sa première jeunesse. Peu lui importe désormais de briller. Elle-même va se dépouiller de ses ailes, les laisser dans la poussière. Convient-il, en effet, à une créature modeste de courir le monde, de faire la coquette quand elle est sur le point de devenir mère? On se tromperait si l'on pensait que les fourmis n'ont jamais nourri elles-mêmes leurs petits. Quand une fourmilière se fonde primitivement, la mère fondatrice n'a pas à sa disposition des nourrices pour la suppléer dans les soins que réclament les petits; ce n'est que quand elles deviennent assez nombreuses pour la relever de ses fonctions que la fourmi mère abdique pour se dévouer exclusivement à la ponte. Les fourmis ouvrières qui comprennent la sainte tâche de la maternité se chargent exclusivement du soin des enfants. Elles voient dans la mère l'espoir, le soutien de leur société. Aussi que de soins! que de prévenances pour elle! Elle a une chambre spéciale, une garde dévouée à sa personne, attendant l'heure suprême de la ponte. Devenue mère, les hommages lui sont prodigués. Un cortége de douze à quinze ouvrières ne la quitte jamais : fait-il beau soleil? on la transporte dans les étages supérieurs pour la réchauffer. La température s'abaisse-t-elle? on la descend dans l'endroit de la fourmilière la mieux abritée. Elle a toute une cour qui l'entoure, l'accompagne lorsqu'elle marche et lui prodigue maintes attentions. Pour elle et ses petits, les ouvrières vont sur les arbres, sur les plantes à la recherche des pucerons; elles les flattent, les excitent doucement à leur donner le suc qu'ils ont recueilli sur les fleurs et rapportent fidèlement cette précieuse nourriture.

Voilà comment de pauvres petits insectes nous apprennent nos devoirs. Quelle leçon pour nous qui n'avons jamais assez de sociétés protectrices de l'enfance, de médecins inspecteurs, de bulletins pour connaître l'état de santé des enfants en nourrice, pour savoir s'ils reçoivent humainement les soins qui leur sont dus! Les fourmis nourrices élèvent les petites fourmis avec tendresse, avec amour; elles ne spéculent jamais sur l'existence des nourrissons, et, pour remplir leur glorieuse tâche, elles n'ont besoin ni de médaille, ni de prix, ni d'encouragement d'aucune sorte.

Ce n'est pas seulement chez les fourmis que l'on trouve le respect de la maternité et le dévouement aux exigences qu'elle crée; ils existent aussi au même degré chez les abeilles.

Aussitôt, en effet, que la mère abeille, la reine, commence à pondre, elle devient également de la part des ouvrières de la ruche l'objet des plus tendres soins. Elles comprennent que, destinée à mettre au monde une nombreuse postérité, l'abeille devenue mère ne peut s'occuper de sa vie matérielle ni des êtres à qui elle donne le jour. Aussi se font-elles servantes de la mère et nourrices des petits. Ce sont elles qui préparent aux jeunes abeilles un aliment composé de miel et du pollen des fleurs dans des proportions qui varient suivant leur âge et la force de leur estomac : légère et presque sans saveur dans les premiers temps, plus sucrée, plus substantielle quand la jeune larve a pris une certaine force.

Les nourrices abeilles ont une intelligence vraiment étonnante. Elles savent distinguer parmi les abeilles nouvellement nées celles qui, un jour, pourront atteindre à la dignité de mère. Dès lors, elles ont pour celles-ci des attentions toutes particulières ; elles les nourrissent plus délicatement, leur construisent une habitation plus grande, plus aérée. Grâce à cette préparation plus fortifiante, connue sous le nom de gelée royale, grâce encore à des soins hygiéniques plus complets, ces petites abeilles, au lieu de rester stériles, pourront devenir mères.

Comparons maintenant. Dans nos villes, que de femmes n'ont jamais eu véritablement le sentiment de la maternité ! La femme, trop avide des plaisirs du monde, ne voit souvent dans la maternité qu'une flétrissure à sa beauté. Comme dit Musset : « On lui apporte un enfant; on lui dit : Vous êtes mère. Elle répond : Je ne suis pas mère ; qu'on donne cet enfant à une femme qui ait du lait : il n'y en a pas dans mon sein. On vient, on la pare, on l'orne de dentelles, on la soigne, on la guérit du mal de la maternité. Un mois après, la voilà aux Tuileries, au bal de l'Opéra. Son enfant est à Chaillot ou à Auxerre. »

Oui, le voilà au loin, ce petit être ; il ne la verra plus, sa mère, qu'après avoir été imprégné du lait, du sang, de la vie d'une étrangère. Et encore, reviendra-t-il, le pauvre petit !

Que je vous plains, malheureuses femmes ! Si vous n'avez pas une seule fois pressé votre enfant sur votre sein, si vous ne l'avez pas senti pendu à votre mamelle, vous ignorez les plus tendres émotions de votre nature; vous ne connaîtrez jamais les doux tressaillements, l'enivrante expansion de la mère qui se donne à son enfant.

Vous sacrifiez tout ce véritable bonheur pour les vanités, pour aller dans le monde entendre murmurer d'agréables mensonges à vos oreilles qui écoutent trop, tandis que votre cœur n'entend et ne sent rien de ce qui est vraiment grand, beau et consolant.

« Douce est la lumière, dit Euripide; doux est le spectacle de la mer paisible, ou celui d'un grand fleuve, ou celui de la terre que fleurit le printemps. Douces mille choses encore; mais, crois moi, femme, il n'est pas de plus doux spectacle que de voir, après les tristesses d'une vie solitaire, fleurir de beaux enfants dans notre maison. »

Voyez ces petits insectes, ils n'abandonnent pas au hasard leur progéniture. Si tout entiers aux soins d'une féconde maternité, ils ne peuvent s'occuper de nourrir tous les êtres auxquels ils ont donné naissance, au moins ne se séparent-ils pas d'eux.

Ne remarquez-vous pas encore que la jeune plante arrachée du sol où elle a pris racine se flétrit et semble vouloir mourir. Aussi, lorsqu'on la change de climat, a-t-on soin de la transporter entourée de sa terre natale.

Vous me répondez qu'en transplantant les arbres, en les greffant, on en obtient de meilleurs fruits. — Non, ce n'est point ainsi à leur naissance. Un jour viendra sans doute où vous devrez vous séparer de votre enfant pour achever son éducation, mais ce qu'il lui faut au premier âge, c'est le lait, le sang de sa mère, il faut qu'il soit réchauffé sur son sein et couvert de ses baisers.

A moins que la santé d'une mère ne soit trop en danger, que ses forces soient véritablement insuffisantes pour allaiter son enfant, je ne comprends pas qu'elle se sépare de lui. Cette séparation est mauvaise pour la mère comme pour l'enfant; elle n'est pas naturelle : l'attachement des insectes pour leurs petits en est un témoignage. L'histoire des autres animaux nous en fournira encore des preuves irrécusables.

LES POISSONS

Nous avons étudié les insectes; nous avons reconnu combien dans leur petite organisation ils sont doués de sens délicats, d'instinct et d'intelligence. Nous avons surtout admiré leur amour, leur tendresse, leur prévoyance même pour des petits qu'ils ne doivent jamais connaître. Maintenant, nous nous proposons d'étudier d'autres animaux dont les conditions d'existence sont toutes différentes, ce sont les poissons, dont le sang est généralement froid et qui vivent continuellement dans l'eau. Aussi, au lieu d'avoir des poumons, possèdent-ils des branchies, organes destinés à séparer l'air de l'eau pour en imprégner le sang et le vivifier. Ce mode de respiration exerce une influence toute particulière sur leur intelligence et leurs sentiments sans aucun doute : ils sont moins intelligents, moins dévoués à leur progéniture que les êtres doués d'une organisation supérieure. La Bible nous apprend, du reste, que, de tous les animaux, les poissons ont été créés et mis au monde les premiers, ce qui est certainement un signe d'infériorité. En effet, si l'on regarde attentivement un poisson, on est presque pris de pitié. Au premier abord, tout vous paraît déprimé, le front est bas, l'œil grand ouvert est immobile et sans regard, les muscles du visage ne trahissent aucune émotion. La physionomie correspond à un sentiment de dépression général. L'indifférence et l'affaissement, voilà ce qu'expriment ces pauvres créatures qui n'ont ni pattes, ni bras pour saisir, embrasser et aimer. Aussi ont-ils rarement de ces mouvements passionnés qui rapprochent les quadrupèdes de l'homme. Les poissons ne semblent vivre que pour manger; la nature les a merveilleusement organisés pour cela. Ils possèdent une mâchoire garnie de dents mobiles, et, tellement nombreuses, que, chez certains d'entre eux, elles s'étendent jusqu'au pharynx. Ces animaux sont trop bien armés pour la conservation; ils sont trop occupés de leur ventre pour montrer un grand dévouement à l'égard de leur progéniture. Ils ne paraissent avoir guère plus de cœur que d'intelligence. On a vanté cependant les murènes de l'orateur Hortensius qui s'approchaient à sa voix caressante, mais cela est encore moins une preuve d'intelligence que de gourmandise : les poissons ressemblent à certaines gens qui se laissent prendre au langage des avocats et à l'appât d'un bon dîner. Les cyprins dorés viennent chercher leur pâture jusque dans la main de l'homme, les carpes accourent au bruit d'une cloche qui les appelle pour leur repas. Pourvoir à leur nourriture, satisfaire le besoin de la reproduction, voilà les appétits qui font sortir les poissons de leur apathie habituelle. C'est qu'en effet l'instinct de conservation n'a pas besoin d'une organisation supérieure pour se manifester. Les polypes, les moules, les oursins de mer n'ont point de tête, point d'hémisphères cérébraux, à peine même s'ils possèdent des nerfs, et cependant ils savent marcher, saisir leur proie. Ah! c'est que si inférieure que paraisse l'organisation des êtres, elle est toujours suffisante pour la satisfaction de leurs besoins. Et, chose admirable, cet instinct de conservation qui pousse les animaux à satisfaire leurs besoins n'est point sous la dépendance du système cérébral :

il dépend spécialement du système ganglionnaire. C'est de lui que partent les impulsions instinctives de la conservation. Il préside à la perpétuité des espèces et à la fécondation des germes, et il assure d'autant mieux la vie animale qu'elle est soustraite à l'influence du cerveau, aux abus de la volonté.

Aussi, à mesure que le cerveau se développe chez les animaux et qu'il vient faire équilibre au système ganglionnaire, l'intelligence contre-balance l'instinct. L'animal n'est plus uniquement entraîné par des appétits matériels. Des besoins d'un ordre plus élevé se manifestent; l'être ne s'aime plus seulement lui-même : il aime ses petits, il s'attache sa famille.

Telle est l'harmonie établie dans l'organisation des êtres que l'état de développement des parties centrales de leur système nerveux donne tout de suite une idée relative de leur degré de perfection organique et intellectuelle. Elle est manifeste dans toutes les classes des animaux. Il existe une échelle ascendante de perfection de l'organisme depuis les invertébrés jusqu'aux vertébrés. Cette perfection se trouve même dans chaque classe, et, cela est si vrai, qu'il y a toujours un individu qui, par son développement plus complet, est comme le type des animaux de la même espèce.

Nous trouvons la confirmation de cette loi chez les poissons : ceux dont le cerveau est peu développé ne donnent aucun soin à leurs œufs; ils se contentent de les placer où ils peuvent éclore; c'est là tout leur amour, toute leur prévoyance pour leurs petits. Mais si des poissons qui ont le moins de cerveau et dont la forme est la plus aplatie, si des pleuronectes nous arrivons aux poissons cartilagineux, aux raies et aux squales dont le cerveau est plus volumineux, nous voyons que leurs rapports avec le monde extérieur sont plus variés, leur intelligence plus étendue, et leur amour maternel plus accusé.

Il y a certains poissons qui construisent des nids, ce sont les épinoches : ces animaux sont intelligents ; ils ont un amour maternel très-vif. Cet amour est encore plus développé chez les poissons dont les œufs sont couvés dans le sein de la mère et dont les petits arrivent tout formés à la lumière. Enfin cet amour atteint son maximum d'intensité chez les habitants des eaux connus sous le nom de cétacés. Il est vrai que ces animaux sont des vertébrés et qu'ils ont le sang chaud.

Chez les poissons à proprement parler, c'est-à-dire chez les animaux qui ne respirent que par des branchies, la température du sang est moins élevée, ainsi le veulent leur appareil circulatoire et le milieu dans lequel ils vivent. Ces animaux n'empruntent pas l'oxygène directement à l'air, ils l'extrayent en quelque sorte de l'eau. Leur respiration, qui ne s'exécute que vingt-cinq fois par minute, fournit peu d'air à leur sang, et cet air humide n'a pas de grandes propriétés calorifiques. L'oxygène brûle imparfaitement les produits hydrocarbonés du sang. De là chez ces animaux cette surabondance de l'huile et des graisses. L'hydrogène et le carbone s'accumulent en matières grasses. Ils ont un sang noirâtre comme toutes les espèces qui respirent peu, qui sont froides, engourdies, dont la constitution est molle et apathique.

Les espèces serpentiformes, telles que les anguilles, les murènes, les congres, les donzelles, etc., espèces sédentaires et qui sont toujours plongées dans la boue, respirent un air encore moins pur ; elles rampent avec lenteur et paresse, et présentent une chair mollasse, visqueuse et huileuse qui se putréfie bientôt.

Les espèces, au contraire, qui vivent dans les eaux limpides et courantes, qui respirent un air plus pur sont plus vives, plus hardies, elles ont la chair faible, agréable et saine, elles sont plus intelligentes et ont un plus grand amour pour leur progéniture. Cela est conforme aux expériences physiologiques de Brown-Séquard et de

Claude Bernard, qui prouvent que le sang oxygéné fournit la force motrice nécessaire aux manifestations matérielles du cerveau, du cœur et des autres organes. La grenouille a servi à établir ces faits. Ainsi, une grenouille dont le cœur ne bat que huit ou dix fois par minute à

Fig. 26. — Anguille à large bec, espèce serpentiforme.

une température basse, bat trente fois et plus si on l'élève à une température assez haute. Cette suractivité du cœur est bien due à l'influence de la chaleur. Tant il est vrai que, quand nous disons d'une personne qu'elle a le cœur chaud, cette expression figurée correspond à une réalité physique.

Si les poissons ont un sang moins oxygéné, une température moins élevée, s'ils ont le cœur moins chaud, leurs facultés nutritives et génératives acquièrent beaucoup de prépondérance. Et précisément ce sont ceux qui marquent moins d'attachement entre eux et moins d'amour pour leur famille qui sont doués d'une plus grande fécondité. Il semble que les liens d'amour trop étendus s'affaiblissent, que les affections trop partagées se dissipent. C'est ainsi que chaque animal subit la loi de son organisation et du milieu dans lequel il vit. Tant il est vrai aussi que le poisson, pris dans la collection des espèces, est un sujet inépuisable de méditation et d'étonnement.

Si, généralement, il ne faut pas demander aux poissons un amour maternel très-développé, il ne faudrait pas croire cependant qu'ils restent complétement indifférents les uns pour les autres et qu'ils ne sentent pas les joies attachées à la reproduction.

Comme les insectes, comme les oiseaux qui, au moment de leur amour se parent des plus vives couleurs, les poissons en ce temps étincellent des feux les plus brillants. Les écailles prennent des reflets métalliques d'un éclat incomparable.

Les chetodons rayés de banderolles brillantes, les zées décorés d'une riche broderie d'or, les coryphènes étincelant du feu des pierreries, les scares, les labres, les dorades diaprés des couleurs les plus variées et les plus vives, les rougets vêtus de pourpre, tous ces magnifiques poissons des mers équatoriales, aux jours de leurs amours, se revêtent d'habits merveilleusement riches, rehaussés d'émeraudes, de saphirs, de rubis, de topazes et de tout l'éclat des métaux. Leurs écailles alors reflètent tous les feux du prisme; elles brillent d'autant plus que l'eau leur donne une limpidité toujours renaissante et le soleil un éclat que rien ne peut ternir. Qui n'a vu dans nos eaux douces des poissons plus modestes revêtir aussi leur parure de noces? Qui n'a remarqué au printemps ce chétif poisson, si commun dans les ruisseaux, le vairon? Il est splendide alors : son dos brille de teintes métalliques bleues ou vertes; ses lèvres, ses joues, son ventre, ses nageoires éclatent d'un magnifique rouge écarlate. A peine a-t-il satisfait à cette grande loi de la

Fig. 27. — Dorade de la Chine ou poisson rouge.

nature, qui assure la perpétuité des êtres, que ses brillantes couleurs s'effacent, les tons métalliques disparaissent, l'animal a repris sa modeste livrée.

Des transformations semblables, tout aussi saisissantes chez les épinoches, ont été décrites avec un soin et une élégance digne du sujet. La perche, qui charme les yeux par la beauté et la variété de sa coloration, ne se montre dans tout son éclat qu'à l'époque du frai. C'est alors surtout que ses nuances vertes donnent le mieux leurs effets dorés, que le rouge de ses nageoires est dans toute sa vivacité. Un pareil changement a lieu chez une infinité de cyprinides, comme les roches, les rotengles, etc.

Parmi les salmonides, la parure de noces est encore bien accusée. L'ombre chevalier, d'ordinaire gris perse et blanchâtre à la partie inférieure du corps, prend des teintes

Fig. 28. — Ombre chevalier.

bleuâtres et orangées. Ce changement de couleur est assurément l'expression d'une circulation plus active, d'une calorification plus grande, de sensations plus vives. De même les migrations sont une nouvelle preuve de l'instinct de conservation, de l'amour de la famille et de la prévoyance maternelle.

Les poissons voyageurs, tels que les saumons et les esturgeons, ont le soin de venir pondre chaque année dans le même lieu, et les émigrations annuelles des harengs, des sardines, des maquereaux et des thons s'opèrent lorsque ces poissons, prêts à frayer, cherchent les régions les plus favorables soit par leur position, soit par l'abondance des aliments des vermisseaux qui y pullulent vers les mêmes époques.

Parmi les poissons que nous voyons dans nos rivières et qui habitent également la mer, il en est un fort connu par son amour pour ses petits, c'est le saumon. Lorsque ces poissons arrivent de la mer dans les fleuves, au moment de frayer, on voit leurs teintes, chez les mâles surtout, prendre un nouvel éclat et s'empourprer. Alors un mâle et une femelle se réunissent. Deux prétendants se trouvent-ils près de cette dernière, une lutte s'engage entre eux, et le combat dure tant que l'un des deux champions n'a pas quitté la place. Plusieurs historiens du saumon nous ont tracé le récit de ces exploits chevaleresques. Chaque femelle a son mâle, mariage d'un jour ou même d'une heure, mais il n'en est pas moins constaté que, dans le moment où ils sont réunis, les deux individus semblent choisir d'un commun accord l'endroit destiné à recevoir la ponte : ils se mettent à creuser ensemble un lit d'une profondeur qui varie de 15 à 25 centimètres; la mère y dépose ses œufs. Cette opération dure huit ou dix jours. Le père les féconde; tous deux les recouvrent ensuite d'un gravier fin et de petites pierres. Puis, il paraît qu'ils se retirent dans quelques parties voisines de la rivière où l'eau est plus profonde et plus rafraîchissante pour eux.

Quinze jours ou trois semaines après, le père retourne vers l'Océan, laissant derrière lui son épouse pour veiller sur le champ de la fécondité. Elle reste là, en effet, jusqu'à l'éclosion des petits, jusqu'à ce que leur existence soit bien assurée. Aussi les parents ont-ils eu soin de choisir une eau bien courante nécessaire au développement des œufs. Rien de plus joli que les jeunes poissons au sortir de l'œuf; au travers de leurs tissus délicats et diaphanes, on peut voir et compter les battements de leur cœur : ils portent appendue à leur ventre la vésicule vitelline qui leur sert en quelque sorte de garde-manger où ils trouveront à se nourrir pendant cinq semaines environ. Lorsque cette vésicule aura été entièrement résorbée, le petit poisson devra lui-même chercher sa nourriture. Mais jusqu'alors la mère ne semble pas l'avoir abandonné.

Le jeune saumon est d'une teinte grisâtre pendant au moins une année, les ternes couleurs particulières à son jeune âge ; il est à l'état de part ; mais, à un moment déterminé, un brusque changement se produit, il devient le smolt des Anglais. Son dos est d'un bleu d'acier étincelant ; ses flancs brillent çà et là du même bleu, d'autant plus vif qu'il se trouve sur un fond d'argent plus éclatant et qu'il est rehaussé par des teintes extrêmement vives. A cette époque de leur existence, c'est-à-dire lorsque, selon l'expression des Anglais, ils ont pris leur costume de voyage, comme les êtres intelligents, ils se réunissent, se forment en troupes et se disposent à partir pour la mer ; mais avant d'affronter l'Océan, arrivés à la partie inférieure du fleuve où remonte la marée, ils s'arrêtent deux ou trois jours dans l'eau saumâtre comme pour se préparer à leur changement de séjour. Les jeunes poissons ont tellement l'amour de l'onde natale qu'ils reviennent avec la plus grande ponctualité à l'endroit où ils sont nés. « La nature, dit Andrew Young, les a doués d'un si merveilleux instinct que, pas un seul d'entre eux, au retour de leur voyage à la mer, ne dépasse sa propre demeure ou ne s'arrête à une station voisine. »

Les truites ont à peu près les mêmes habitudes que les saumons ; comme eux, les truites creusent des cavités et y cachent leur ponte dans les graviers. Les petits se nourrissent également de la vésicule vitelline qui est résorbée dans l'espace de trois à cinq semaines.

Chez les poissons constructeurs de nids, nous voyons

les mâles rechercher les mères et les attirer jusqu'à l'endroit préparé pour recevoir le dépôt des œufs. L'amour maternel s'accuse dans ces espèces, d'autant plus qu'elles mettent davantage de soin à confectionner leur nid.

Au premier rang figure l'épinoche dont nous avons déjà parlé.

Quand son nid est bien préparé, l'épinoche y attire doucement et gentiment sa compagne, qui se plaît à y déposer ses œufs. Et aussitôt après, elle résigne ses fonctions maternelles aux soins de son époux. C'est à lui de veiller désormais sur le sort de leur progéniture. Ce père superbe, vêtu de pourpre et d'or, s'acquitte de ces soins avec la conscience d'une bonne et honnête nourrice. Il monte la garde autour du trésor de fécondité conjugale avec un zèle inquiet qu'on ne retrouve chez aucun être de son sexe dans la création. Mais voici que les jeunes sont éclos. Le père surveille maintenant toutes leurs allées et venues. Il nage autour d'eux çà et là avec la plus grande sollicitude. Cela est d'autant plus remarquable que ce poisson a l'humeur très-belliqueuse : sur un champ de bataille, c'est un guerrier; dans sa famille, c'est une mère.

Depuis qu'on élève des poissons dans des aquariums transparents, on a confirmé les curieuses observations qui avaient déjà été faites sur ces intéressants animaux. Les observateurs en ont ajouté de nouvelles qui sont vraiment dignes d'être citées.

Dans la tenture de son nid, l'épinoche ménage une ouverture arrondie, sans aspérité, de façon à se glisser facilement dans l'intérieur. Et à ce moment, pour attirer l'attention des mères, pour les engager à venir pondre dans ce joli nid, l'épinoche revêt sa robe d'amour. Et sitôt qu'une mère appesantie par le fardeau de ses œufs vient à passer, il lui montre son nid, l'engage à l'y suivre, en élargit l'entrée et la détermine à entrer dans la chambre nuptiale. En quelques minutes, elle a pondu ses œufs qui sont d'une vive couleur jaune; après quoi elle enfonce le nid du côté opposé à son entrée, et y forme une seconde ouverture par laquelle elle s'échappe.

Le nid alors est percé de deux orifices, et les œufs demeurent exposés à un fort courant d'eau qui entre par

Fig. 29. — Épinoche et son nid aquatique.

une porte et sort par l'autre. Aussitôt l'épinoche mâle entre frétillant dans le nid, passe sur les œufs, les quitte pour réparer les petits dérangements que peut avoir subi le berceau, et court après une autre mère prête à pondre. Il répète ce manège jusqu'à ce qu'il ait ainsi ramassé une quantité suffisante d'œufs; quand ce but est atteint, il ferme avec soin la seconde ouverture du nid et il vient couver.

Pour cela, suspendu verticalement au-dessus de la première entrée, immobile, les nageoires en mouvement et s'agitant aussi régulièrement que les roues d'un petit bateau à vapeur, il reste remuant l'eau pour former des courants favorables à l'éclosion des œufs.

Tout ceci est déjà bien admirable, mais ce qui est plus merveilleux encore, c'est que ce faible petit poisson puisse supporter pendant un mois sans relâche une fatigue semblable. Le jour, la nuit, le matin, le soir, on le trouve toujours fidèlement à son poste. Il est probable que s'il cessait de faire naître ces courants, de petites moisissures pourraient attaquer les œufs; des détritus de sable les enterreraient et empêcheraient leur développement.

Aussi le père nourricier entasse ou enlève les petites pierres qui retiennent la mousse, et multiplie les ouvertures du nid ou les diminue, et de plus il défend sa couvée avec une ardeur, une furie indicible.

Ce n'est pas tout, quand les petits sont éclos, pendant vingt jours, le père nourricier les soigne, les empêche de sortir du nid, va chercher leur nourriture, la prépare et la leur distribue, comme l'hirondelle le fait à sa couvée, et cela avec une tendresse que trahissent ses nageoires fortement étendues et sa queue toute frémissante.

La spinachie épinoche de mer met encore plus de soin peut-être dans la confection de son nid qui est formé de brins d'herbes délicates ou d'algues pourpres. Les brindilles sont attachées par une espèce de fil de matière animale qui les maintient en une masse de forme allongée, à peu près du volume du poing. Les œufs très-gros et d'une couleur ambrée ne sont pas placés tous ensemble dans le creux du nid, mais ils sont distribués en petits paquets dans la masse générale.

Un de ces nids de spinachie fut visité tous les jours pendant trois semaines, et tous les jours les parents furent trouvés à leur poste, le gardant sans relâche. Ils

Fig. 30. — La spinachie.

allaient et venaient tout autour, l'examinant en tous sens, se retiraient un instant, puis revenaient aussitôt recommencer leur inspection.

Plusieurs fois il arriva qu'on mit exprès les œufs à découvert en enlevant une partie du nid, mais aussitôt que le fait était constaté par le père, il se hâtait de recouvrir les œufs au plus vite. A l'aide de sa bouche, les bords de la déchirure étaient bientôt ramenés en dessus, et les autres parties étaient tournées autour de leur point d'atta-

Fig. 51. — Chabot de rivière.

che pour fermer l'orifice, jusqu'à ce qu'il fût parvenu à soustraire de nouveau ses œufs aux regards indiscrets.

Souvent pour réparer le dégât, le pauvre poisson avait besoin de beaucoup de force; alors il enfonçait son museau dans le nid jusqu'aux yeux et donnait des secousses violentes jusqu'à ce qu'il eût fait tenir l'objet qu'il voulait arranger. Pendant qu'il était si occupé, il se laissait prendre à la main, mais repoussait toute attaque faite contre son nid, et ne quittait jamais son poste de vigilance.

Parmi les poissons osseux et dans l'ordre des acanthoptérygiens, c'est-à-dire parmi ceux qui ont des rayons épineux aux nageoires, nous citerons encore le chabot, renommé pour sa forte tête, et qui n'est pas moins remarquable par son amour pour ses petits. Quoique la vie et les mœurs de ce poisson ne soient pas encore parfaitement connus, il paraît doué des mêmes sentiments que les épinoches, tout en montrant moins d'art et de recherche peut-être. Le mâle creuse simplement dans le sable une cavité sur une pierre, et, pendant le mois de mars ou d'avril, il conduit sa femelle pondre à cet endroit. Il garde ensuite ce dépôt avec beaucoup de sollicitude et de vigilance jusqu'à l'éclosion des petits. Le comte Marsigli a signalé en ces termes l'attachement et les soins que le chabot porte à ses petits : « Le chabot pond au mois de mars. A cette époque, à l'aide de sa queue, il cherche des pierres anfractueuses; dans ces pierres ou sur des des morceaux de bois fixés au fond, il agglutine ses œufs. Cette opération est à peine terminée que la femelle se retire, mais le mâle reste environ trente jours auprès de ces œufs qu'il a fécondés attendant l'éclosion des petits. » Othon Fabricius, l'historien célèbre des animaux du Groënland, a insisté sur ces faits; il a constaté que c'est le mâle qui a le plus de soin et de prévoyance pour ses petits. Ses observations s'accordent avec ce qu'on sait aujourd'hui des mœurs des épinoches. MM. Heckell et Kner ont rapporté, sur la foi des pêcheurs, que le chabot protége pendant quatre ou cinq semaines les pontes qu'il a fécondées sans s'éloigner autrement que pour chercher sa nourriture.

Citons encore, parmi les poissons constructeurs de nids, l'admirable exemple d'amour paternel du gobie noir ou phycis des anciens, petit poisson très-laid et assez abondant sur les côtes de la Méditerranée. Au mois de mai, ce petit poisson creuse dans la vase ou dans l'argile, au pied des rochers, des trous dans lesquels il construit son nid qui communique ainsi avec la mer. Il y amasse des débris d'algues et de zostères. Comme l'épinoche mâle, le gobie, qui a seul construit son nid, se tient aux environs de son terrier guettant les femelles prêtes à pondre. Quand il en aperçoit une, il la force à entrer dans le nid pour déposer ses œufs; et, aussitôt il commence à en prendre soin, à les veiller jusqu'à ce que les petits soient éclos. Quand ceux-ci sont sortis de l'œuf, il les défend avec un grand courage, les nourrit jusqu'au moment où ils peuvent se passer de lui, c'est-à-dire jusque vers le milieu de l'été. Il est admirable de voir ce père, plein d'amour et de prévoyance, conduire tous les petits à la pâture dans les prairies d'algues, où il leur enseigne à s'emparer des insectes et des petits crustacés dont tous se nourrissent.

Un autre poisson, nommé lompe ou lièvre de mer, nous donne encore un touchant exemple d'amour pour ses petits. Fabricius raconte que le lompe approche des côtes du Groënland dans les mois d'avril et de mai pour frayer. Les femelles précèdent les mâles et déposent leurs œufs sous les plus grandes algues ou dans les fentes des rochers. Le mâle veille sur ce dépôt sacré et le défend contre tout ennemi avec le plus grand courage. Si l'homme le trouble dans une fonction toute paternelle, s'il le force à s'éloigner, il ne quitte pas du regard le nid cher à son cœur, et aussitôt qu'il le peut, il y retourne avec joie. L'amour paternel du lièvre de mer a été mis en doute par Lacépède, mais les observations de G. Johnston, d'Yarrell et de Wood ont confirmé celles de Fabricius. En Angleterre on donne au lompe le nom de coq et de poule ; ce nom même est une preuve des instincts de cet intéressant animal qui ont été bien observés par les pêcheurs écossais.

Le coq et la poule frayent vers la fin de mars ou le commencement d'avril. A cette époque, la poule s'approche de la côte et dépose ses œufs sur les rochers et sur les herbes marines, ou devant la plus basse mer. Ces œufs sont de couleur jaune ou rosée, de forme globuleuse, et le frai d'une seule femelle remplirait le volume d'un œuf de cygne. Le coq alors vient couvrir les œufs, et reste à les couver ou se tient près d'eux jusqu'à ce qu'ils soient éclos, c'est ce que tous les pêcheurs ont vu. A ce moment, le lompe devient un animal brave et querelleur, ne permettant à aucun autre habitant de la mer de passer dans le voisinage de son dépôt, et, quand il y est forcé, il mord vigoureusement. Ce n'est pas tout, les petits à peine nés se fixent eux-mêmes sur les côtes et le dos de leur père, qui gagne les mers profondes et de sûres retraites, emportant comme la sarigue ses petits avec lui.

Le syngnathe ou poisson pipe, ou encore aiguillette de mer, nous offre aussi un exemple admirable d'un père qui a pour ses petits les tendresses d'une mère. Le syngnathe mâle a une sorte de poche sous le ventre dans laquelle la femelle vient déposer ses œufs qu'il se charge de couver et de faire éclore. Cette poche est très-probablement aussi un lieu de refuge où se retirent les jeunes à l'approche d'un danger. M. de la Blanchère raconte que des pêcheurs lui ont assuré que, quand on vient de prendre un syngnathe, qu'on ouvre la poche et qu'on secoue les petits dans la mer, ils restent auprès du bateau au lieu de se sauver au loin, et si, en ce moment, on remet le père à l'eau, tous viennent à l'instant rentrer dans leur retraite. Les cinq ou six espèces de syngnathes offrent à peu près les mêmes particularités, qui se remarquent aussi chez le cheval marin ou hippocampe.

Un pisciculteur, M. Carbonnier, qui tient, quai de l'École à Paris, une curieuse collection d'aquariums et de poissons, a fait sur les mœurs de ces animaux des observations que nous pouvons d'autant moins passer sous silence, qu'elles ajoutent de précieux renseignements aux faits consignés dans la science relativement à l'amour maternel de ces animaux envers leurs petits. Les observations de ce patient pisciculteur ont été prises sur des poissons de Chine du genre macropode, apportés par M. Simon, consul de France à Ning-Po.

M. Carbonnier raconte qu'ayant vu dans un aquarium les macropodes se disputer les mères, il pensa qu'une ponte allait avoir lieu. Il choisit le macropode le plus vigoureux et le plaça avec une mère dans un réservoir particulier. Au bout de quelques minutes, le macropode vint à la surface de l'eau; il se mit à absorber et à expulser continuellement des bulles d'air, lesquelles formèrent une sorte de plafond d'écume flottante, grâce sans doute au mucus graisseux qui forme l'enveloppe de chaque bulle d'air. Ce radeau aéré doit être le berceau de sa progéniture. En effet, lorsqu'il est bien établi, le père, les nageoires dilatées, se recourbe comme pour former un cercle; la mère, qui comprend peut-être que c'est une manière de lui tendre les bras, s'approche de lui, et aussitôt le macropode, à l'aide de ses longues nageoires, la presse contre son cœur, et l'aide ainsi à pondre, puis il féconde les œufs.

Dès la première ponte, le père semblait chercher à avaler tous les œufs qu'il rencontrait. Mais en observant plus attentivement, M. Carbonnier reconnut que, bien loin de vouloir dévorer ses œufs, le macropode les ramassait dans sa bouche pour les porter dans le plafond d'écume qu'il avait préparé.

La ponte terminée, le père voulant se charger seul du soin de l'incubation, chassait la mère qui se réfugiait immobile et décolorée dans un coin de l'aquarium. Il reconstituait le plafond d'écume dès qu'une lacune venait à s'y produire, ou bien il enlevait des œufs lorsqu'ils étaient trop agglomérés, et les plaçait dans des endroits inoccupés; il écartait aussi la couche d'écume quand elle lui semblait trop serrée; il remplissait tous les vides en y apportant de nouvelles bulles. Et, fait remarquable, le macropode place ces bulles de nouvelle formation immédiatement au-dessous des œufs pour les faire remonter au-dessus du niveau de l'eau et les soumettre sans doute au bienfaisant contact de l'air.

Après l'éclosion et pendant la première journée, le macropode laissait les embryons dans leur berceau, mais il ne tardait pas à leur prodiguer les mêmes soins qu'il avait donnés aux œufs. Il nageait à la poursuite de ceux qui s'échappaient de leur berceau, les ramenait dans sa bouche, où il avait préparé une bulle d'air, et il semblait le nettoyer. Et quand la mère voulait aussi leur prodiguer les mêmes soins, il accourait et la forçait de lui rendre les alevins qu'elle avait voulu soigner. Cette tendresse, cet amour des pères pour leurs petits est vraiment très-remarquable chez les poissons. Et il est bien probable que plus on étudiera les mœurs de ces animaux, plus on verra se confirmer la grande loi de la conservation des espèces.

L'aquarium est appelé, sans aucun doute, à nous révéler encore bien des témoignages de l'amour des poissons pour leurs petits. Malheureusement ces cages à poissons ne peuvent guère nous permettre d'observer que de petites espèces. Il y aurait un très-grand intérêt à observer aussi des poissons plus gros dont le cerveau est plus développé : les poissons cartilagineux, par exemple, qui sont, en général, des animaux de grande taille.

Parmi ces poissons certains montrent plus d'attachement pour leur famille, ce sont ceux qui habitent continuellement les mers. Il y a entre ces poissons des rapprochements qui n'existent pas chez la plupart de ces animaux. Les petits se nourrissent dans le sein de leur mère, et viennent tout formés à la lumière. L'esturgeon, aussi connu par ses instincts sociaux que par son caractère timide et ombrageux, devient le plus brave des poissons lorsqu'il s'agit d'assurer la perpétuité de sa race; alors il affronte tous les dangers, il s'expose à toutes les chances de mort.

Parmi les poissons cartilagineux, il en est un autre

connu par ses mœurs sanguinaires, c'est le requin. Eh bien, quoique ce poisson soit extrêmement ennemi de l'homme et hostile à sa propre race, le requin se laisse cependant adoucir et subjuguer, au moins pour un temps : ses sauvages dispositions font place à des mœurs plus débonnaires, presque tendres. Déjà Plutarque avait dit que le requin ne le cède à aucune créature vivante en bonté paternelle. Le père et la mère se disputent le soin de pro-

Fig. 32. — Requin.

curer de la nourriture à leur petit, de l'instruire, de lui apprendre à nager. Le danger vient-il à menacer le petit requin sans défense, il trouve un asile sûr dans la bouche ouverte de son père ou de sa mère : il sort de ce gouffre protecteur lorsque le calme et la sécurité sont revenus sur les eaux.

Plutarque a peut-être exagéré l'amour des requins pour leur progéniture ; cependant il est facile de comprendre que du moment que ces poissons qui, dans d'autres saisons, seraient si redoutables l'un pour l'autre et ne chercheraient qu'à se dévorer mutuellement s'ils étaient pressés par une faim violente, radoucis maintenant et cédant à des affections bien différentes d'un sentiment destructeur, mêlent sans crainte leurs armes meurtrières, rapprochent leurs gueules énormes et leurs queues terribles.

Les cétacés appartiennent réellement, par l'ensemble de leur organisation, à la classe des mammifères, puisqu'ils ont des mamelles pour allaiter leurs petits, puisqu'ils ne respirent point par des branchies, mais par des poumons, puisqu'enfin ils ont un cœur muni de deux ventricules et de deux oreillettes; mais, comme nous étudions l'amour maternel chez tous les animaux qui vivent dans le même milieu, et que les cétacés sont des animaux essentiellement aquatiques, nous croyons devoir dire ici ce que nous savons de leur amour pour leur progéniture.

Ces animaux sont, du reste, très-bien organisés pour vivre dans l'eau; leurs membres antérieurs forment de véritables rames, et leur forte queue, terminée par un élargissement cutané, est une sorte de gouvernail caudal comparable à la queue des poissons. Obligés de venir à la surface de l'eau pour respirer, ils ont les narines disposées de telle manière qu'ils peuvent ouvrir la gueule lorsqu'ils saisissent leur nourriture sans s'exposer à introduire de l'eau dans leurs voies aériennes.

Quoique habitant des ondes froides, les cétacés ont le sang chaud; leur sensibilité est très-vive, leur affection pour leurs semblables très-grande, leur attachement pour leurs petits très-courageux. Les mères nourrissent de leur lait les jeunes cétacés qu'elles ont portés dans leurs flancs et qui viennent tout formés à la lumière comme l'homme et les quadrupèdes.

Aussi ces petits sont-ils élevés avec la plus tendre sollicitude, et, tant qu'ils ont besoin d'aide et de protection, jamais ils ne sont abandonnés par ceux à qui ils doivent l'existence.

Prenons d'abord les phoques, animaux marins qui habitent presque toutes les mers de l'hémisphère boréal et principalement l'océan Glacial, sur les rivages et sur les glaces duquel on les trouve souvent en troupes nombreuses. Un grand nombre d'observations ont montré que le phoque, lorsqu'il a été pris jeune, s'attache à son maître et qu'il éprouve pour lui une affection aussi vive que le chien. Qui n'a vu dans les foires des phoques auxquels des matelots et des bateleurs avaient appris à faire différents tours et qui les exécutaient avec adresse et montraient un certain attachement? Chaque mâle a ordinairement plusieurs femelles qu'il défend avec courage. Lorsqu'elles sont prêtes à donner naissance à leur progéniture, il redouble de soins et de tendresse pour elles. La mère n'a guère qu'un seul ou deux petits : elle met bas à quelque distance de la mer sur un lit d'algues ou d'autres plantes marines. Elle ne va pas à l'eau tant que ses petits ne peuvent s'y traîner, ce qu'ils sont en état de faire une quinzaine de jours après la naissance. Comment les mères se nourrissent-elles pendant ce temps? On ne le sait pas positivement; mais on suppose que le mâle porte de la nourriture à sa compagne. Quand le petit est arrivé à l'eau, sa mère lui apprend à nager; elle le surveille pendant qu'il se mêle aux animaux de son espèce. Quelque danger se montre-t-il; elle le charge sur son dos et se hâte de le mettre en sûreté. Elle l'allaite, toujours hors de l'eau (et cela pendant cinq ou six mois), le soigne très-longtemps; mais aussitôt qu'il peut pourvoir seul à ses besoins, le père le force à s'établir en un autre lieu.

Dans la mer du Brésil, dit Peyrard, un grand cétacé voyant son petit pris par des pêcheurs, se jeta avec une telle furie contre leur barque qu'il la renversa; son petit fut précipité à l'eau, et la mère l'enleva ainsi aux pêcheurs qui eurent la plus grande peine à se sauver.

Chez les baleines, l'amour maternel n'est pas moins vif. Lacépède nous en a laissé un tableau saisissant.

Le baleineau est, pendant le temps qui suit immédiatement sa naissance, l'objet d'une grande tendresse et d'une sollicitude qu'aucun obstacle ne lasse, qu'aucun danger n'intimide.

Suivant l'assertion des premiers navigateurs qui sont allés à la pêche à la baleine, la mère soigne quelquefois son petit pendant trois ou quatre ans. Elle ne le perd pas un instant de vue. S'il ne nage encore qu'avec peine, elle le précède, lui ouvre la route au milieu des flots agités, ne souffre pas qu'il reste trop longtemps sous l'eau, l'instruit par son exemple, l'encourage pour ainsi dire par son attention, le soulage dans sa fatigue, le soutient lorsqu'il ne fait plus que de vains efforts, le prend entre ses nageoires pectorales et son corps, l'embrasse avec tendresse, le serre avec précaution, le met quelquefois sur son dos, l'emporte avec elle, modère ses mouvements pour ne pas laisser échapper son doux fardeau, pare les coups qui pourraient l'atteindre, attaque l'ennemi qui voudrait le lui ravir, et, lors même qu'elle trouverait aisément son salut dans la fuite, combat avec acharnement, brave les douleurs les plus vives, renverse et anéantit tout ce qui s'oppose à sa force ou répand tout son sang, et meurt plutôt que d'abandonner l'être qu'elle chérit plus que sa vie.

On serait peut-être tenté de croire que ce tableau de l'amour maternel d'une baleine est exagéré. Mais les pêcheurs vous diront tous que, lorsqu'ils s'approchent d'une mère et d'un jeune baleineau, ils commencent par attaquer celui-ci qui est moins fort, moins agile, moins expérimenté. Mais aussitôt la mère se place entre son nourrisson et l'agresseur. Elle pousse le petit avec ses nageoires et son corps pour précipiter sa fuite. Si, malgré ses encouragements, il ne peut nager assez vite pour éviter le péril, elle passe un de ses ailerons sous son ventre, elle le soulève, et, le tenant ainsi collé contre son cou et son dos, elle se sauve avec lui. Quand sa surveillance et son activité sont

Fig. 53. — Baleine prenant son petit sur son aileron.

déjouées par les armes terribles de l'homme, elle manifeste alors sa douleur par la vivacité, l'irrégularité de ses mouvements. Elle ne renonce pas à sauver son cher blessé. Oubliant son propre salut, elle s'efforce de le ressaisir, au risque de se perdre avec lui, et elle reçoit le coup mortel pour ne pas abandonner celui qu'elle a inutilement défendu.

LES OISEAUX

LE NID

>   Du nid charmant caché sous la feuillée,
>   Cruels petits lutins à la mine éveillée,
>   Du nid charmant caché sous la feuillée,
>   Hélas ! pourquoi faire ainsi le tourment?
>   Ce nid, ce doux mystère que vous guettez d'en bas,
>   C'est l'espoir du printemps, c'est l'amour d'une mère.
>   Enfants, n'y touchez pas. Enfants, n'y touchez pas.

Le monde des oiseaux est celui où nous trouvons les plus nombreux et les meilleurs exemples d'amour maternel. Là, il est dans toute sa bonté primitive, sans mauvais sentiment, sans impatience, sans colère. Il n'est dépravé ni par l'égoïsme, ni par le vil intérêt. L'animal a sur nous un grand avantage : ce qui est bon chez lui reste toujours bon. Comme l'a dit Toussenel, « le monde des oiseaux n'est pas seulement celui où l'on aime le plus ; c'est le premier où l'on aime ; c'est par lui que le Verbe d'amour s'incarne dans l'animalité. L'oiseau n'existe que pour aimer. Sa parure éclatante, ses chants mélodieux, son talent d'architecte, son industrie, son courage, ses ruses, sont autant de dons de l'amour. » Et ce qui prouve péremptoirement que l'amour maternel est plus vif chez les oiseaux que dans aucune autre classe des animaux, c'est que la mère seule choisit l'emplacement du nid, c'est que seule elle met en œuvre les matériaux. Seule, elle construit ces édifices aériens, si

Fig. 54. — Nid de fauvette couturière.

variés de forme et de style, qui charment le regard de l'homme et confondent sa pensée. C'est l'amour maternel qui inspire l'artiste et produit des merveilles de tissage, de céramique, d'architecture et de maçonnerie. A la mère seule aussi incombe le soin de l'incubation, et dans cette fonction elle ne montre pas seulement un instinct, une impulsion naturelle, elle fait preuve de sentiment, de courage et de dévouement.

Depuis longtemps déjà les naturalistes ont observé la supériorité de l'amour maternel chez les oiseaux. Delachambre, auteur d'un curieux chapitre sur ce sujet, dit : « Quant aux bêtes à quatre pieds, il y en a qui ont beaucoup d'amour pour leurs petits, mais *elle* n'est pas comparable à *celle* des oiseaux, comme il est aisé à juger par l'assiduité que ceux-ci ont à faire leurs nids et à couver leurs œufs, par les soins qu'ils prennent de nourrir leurs petits, de les garder et de les instruire, et par les cris et les efforts qu'ils font contre ceux qui les leur enlèvent. »

Nous allons examiner successivement les manifestations de l'amour maternel dans la construction du nid, dans l'incubation et dans les soins pour les petits.

Pour l'oiseau, le nid n'est pas seulement un berceau coquet, destiné à satisfaire la vanité maternelle, c'est une œuvre d'art faite avec cœur, avec âme, avec amour, c'est le but extrême même des aspirations, de la tendre sollicitude des oiseaux pour leur progéniture. Dans notre espèce, grand nombre de mères achètent avant la naissance de leur enfant le berceau où il reposera, la layette qui servira à envelopper ses jeunes membres ; elles regardent avec émotion la bercelonnette où bondira dans son beau linge orné de dentelles le bébé qu'on attend ; mais ce berceau, où est déjà le cœur de la mère avant son enfant, elle ne l'a pas construit, édifié elle-même, à peine si elle en a préparé la garniture. L'oiseau, au contraire, fait lui-même son nid tout entier. A l'ardeur de son travail, à son activité incessante, on voit qu'il est emporté par un sentiment, par un feu qui le dévore. Ce sentiment, ce feu, c'est l'amour maternel. Avoir aimé, assurer l'existence à ses petits, leur préparer au milieu des senteurs des bois, dans l'ombre et le silence, un berceau moelleux, fait de mousse et de fin duvet ; entendre leur premier cri, satisfaire leur premier besoin ; puis le cœur plein d'émotion, craignant le moindre bruit, le plus léger frémissement des feuilles, être là muet d'amour, l'œil couvant les petits, comme le corps a couvé les œufs : telles sont les impressions qu'éprouve l'oiseau lorsqu'il établit son nid.

Et, cependant, pour construire ce nid, l'oiseau n'a ni les mandibules de l'insecte, ni la main de l'écureuil, ni la dent du castor. N'ayant que le bec et la patte qui n'est point du tout une main, il semble que le nid doive lui être un problème insoluble.

Michelet l'a dit : « L'outil, c'est le corps de l'oiseau lui-même, sa poitrine, dont il presse et serre les matériaux jusqu'à les rendre absolument dociles, les mêler, les assujettir à l'œuvre générale.

« Et au dedans l'instrument qui imprime au nid la forme circulaire, n'est encore autre que le corps de l'oiseau. C'est en se tournant constamment, et refoulant le mur de tous côtés qu'il arrive à former ce cercle.

« Donc la maison, c'est la personne même, sa forme, son effort le plus immédiat, sa souffrance. Le résultat n'est obtenu que par une pression répétée de la poitrine. Pas un de ces brins d'herbe qui, pour prendre et garder la courbe, n'ait été mille et mille fois poussé du sein, du cœur certainement avec trouble de la respiration, avec palpitation peut-être. »

Cette forme du nid si variée, quelquefois si grossière, est toujours une manifestation de la prévoyance maternelle. Les nids dont la forme est allongée et l'ouverture tournée en bas, appartiennent aux oiseaux qui habitent les tropiques; ils ne construisent ainsi que pour mettre leurs œufs et leur couvée à l'abri des mammifères grimpeurs et des reptiles de toutes sortes qui abondent dans ces régions.

L'amour maternel fait de toutes les mères des oiseaux

Fig. 55. — Nid du tisserin nélicourvi.

des maçons, des tailleurs, des sculpteurs, des mineurs, des vanniers.

Le guépier niche dans de véritables souterrains qu'il creuse avec ses doigts. L'hirondelle et la sitelle bâtissent en pisé plus solidement que les hommes. Il y a dans le Levant une fauvette qui coud l'une à l'autre avec son bec et du fil les deux feuilles voisines d'un arbuste pour y établir sa famille.

La grive de vigne construit une coupe imperméable,

d'une forme aussi élégante que le calice de la tulipe, pour y déposer ses jolis œufs bleus, tiquetés de noir. La linotte, le chardonneret, le pinson, travaillent le crin, le coton, la laine, avec une incomparable perfection. Le loriot suspend par quelques fils son nid aux branches mobiles du peuplier, comme pour forcer la brise à bercer ses petits.

Tous ces chefs-d'œuvre d'élégance, de solidité, de finesse sont œuvre des mères, tandis que chez les poissons nidificateurs, chez les épinoches, c'est exclusivement au mâle qu'est dévolu le soin d'édifier le nid. C'est également lui qui choisit l'endroit où il sera placé.

Dans le monde des oiseaux, c'est la femelle seule qui choisit l'emplacement du nid, et ce choix est presque toujours fait avec un discernement admirable. Elle consulte la direction habituelle des vents, elle place le nid sous l'exposition des vents prédominants; c'est ce qu'on a constaté en plusieurs îles, notamment aux Féroé, où pas un nid d'oiseau marin ne se trouve placé sur les rochers exposés à l'est, tandis que vingt-cinq espèces nichent à l'ouest et au nord-ouest, direction habituelle des vents dans cet archipel.

Quand le loriot nidifie dans la Louisiane, où il fait très-chaud, cette mère prévoyante n'emploie que la mousse pour la bâtisse de son nid; elle le construit à claire-voie, et l'expose au nord-est. Mais, comme le fait observer Audubon, quand cette même mère va nidifier un peu plus haut vers la Pensylvanie et New-York, elle tisse ce nid des étoffes les plus chaudes et l'expose au midi.

C'est la mère, chez l'autruche, qui ensevelit, dans le voisinage de l'entonnoir où ses petits devront éclore, un certain nombre d'œufs qui serviront à leur première nourriture.

Ce sont les femelles du moineau républicain qui s'associent pour bâtir ces immenses rotondes où l'on niche, où l'on pond, et où l'on couve en société.

Fig. 36. — Nid du loriot jaune.

Ainsi, que les nids soient placés sur la cime des arbres, ou qu'ils reposent à terre dans les buissons ou dans les racines, dans la mousse ou dans le sable brûlant du désert, dans le tronc des arbres ou dans le tronc d'un rocher ou d'une vieille muraille, qu'ils soient suspendus par une anse, comme des berceaux allant au gré du vent, qu'ils flottent sur les eaux comme une nacelle, quelle que soit leur position, il est certain que l'emplacement est toujours admirablement choisi par la mère pour le plus grand avantage des petits, pour leur sécurité, pour la plus grande facilité de l'approvisionnement.

Les oiseaux dont les petits sont trop faibles pour se soutenir sur leurs pieds dès leur naissance, placent leur nid sur des arbres, parmi les rochers et dans les lieux élevés. Ceux, au contraire, dont les petits sont déjà forts et agiles à la sortie de l'œuf nichent ordinairement dans les lieux bas, au pied des buissons ou près des eaux.

Le choix des matériaux indique également une prévoyance non moins grande. Les mères qui doivent donner naissance à des petits sans plumes, ont soin de leur préparer un berceau bien moelleux et bien chaud. Ordinairement, le nid se compose de deux ou trois couches de matériaux différents ; celle qui doit soutenir l'édifice se compose des plus grossiers. La seconde couche est formée de matériaux plus fins, et à l'intérieur se trouvent les plus moelleux. La plupart des nids qui sont sur les arbres ou les branches sont construits d'après ces règles ; et les grands oiseaux emploient des matériaux plus grossiers que les petits.

Un art si admirable, une prévoyance si grande, indiquent une chose plus admirable encore, c'est le sentiment qui l'a inspiré. Ce sentiment est celui de la famille. L'architecte a trouvé son génie dans son cœur, c'est l'amour qui l'a fait artiste et mère.

Buffon a dit : « le style, c'est l'homme. » Dans le monde des volatiles, le nid c'est l'oiseau. En effet, suivant la conformation du pied et du bec, le nid de l'oiseau est plus ou moins artistement travaillé. Les palmipèdes, ces pieds-plats du monde des oiseaux, ne sauront jamais nidifier comme les hôtes de nos bois. Comment voulez-vous qu'avec leur rame aux pieds ils puissent percher, saisir, nidifier? Leur bec est à l'avenant de leurs pattes ; il n'a point la conformation délicate et fine des oiseaux insectivores. Il n'est pas disposé pour faire usage de

Fig. 57. — Nid du moineau républicain.

matériaux fins, ténus, ni pour les disposer avec art. Le palmipède est un maçon et non un sculpteur. Il ne sait guère que patauger, barbotter et accrocher, mais il ne sait ni saisir, ni diviser, ni arranger avec goût les matériaux qu'il emploie.

Ce ne sont donc point aux palmipèdes, aux pieds-plats, aux oiseaux des premières époques de la création qu'il faut demander un nid habilement construit, ni un amour maternel bien accusé. Néanmoins il est toujours suffisant pour les besoins et la conservation de leur espèce.

LE NID CHEZ LES ÉCHASSIERS

Les échassiers, leur nom l'indique, sont plus élevés sur leurs pattes que les palmipèdes ; leurs doigts sont aussi plus déliés. Ils ont une façon de s'accroupir sur leur tarse qui leur est particulière, et qui influe beaucoup sur leur procédé de nidification. Ils appartiennent à peu près à la même époque de création que les palmipèdes, aux premières formations de la terre. Ce sont encore des ébauches physiques et morales, des pataugeurs sans esprit, sans cœur, sans chant, sans amour ; ce sont de pauvres têtes au long bec emmanché d'un long cou, des ouvriers uniquement occupés à trouver leur nourriture de chaque jour, et qui n'ont ni le loisir, ni le talent, ni les instruments nécessaires pour s'occuper d'art. Pour bâtir, sculpter, il faut une main bien conformée, dont les doigts aient une certaine liberté d'action ; il faut aussi un bec qui ne soit pas seulement comme celui des palmipèdes une sorte d'écumoir destiné à ramasser les graines ou les insectes perdus dans la vase. Il faut, enfin, une tête et un cœur bien développés et assez rapprochés l'un de l'autre. Les échassiers sont loin d'avoir une telle organisation artistique. Leur patte est encore trop éloignée de la conformation de la main humaine pour qu'on puisse en attendre un travail bien merveilleux. Cependant, la faculté de préhension devient plus commune chez eux que chez les palmipèdes ; aussi compte-t-on parmi les échassiers un plus grand nombre d'espèces qui peuvent percher. L'une d'elles est même douée de la faculté de saisir à la façon du perroquet et de l'oiseau de proie. Et c'est parmi ces oiseaux, dont l'organisation est supérieure, que nous trouvons des emblèmes de fidélité conjugale, d'amour maternel, et de plus un oiseau chanteur, la bécassine. N'est-ce pas là le premier, le véritable signe de la tendresse? Qui aime, chante.

Toussenel est encore de tous les naturalistes celui qui a le mieux décrit le pied de l'échassier, et en a donné la meilleure explication.

Les échassiers sont des oiseaux de rivage. Or, il y a deux rivages, comme il y a deux milieux aquatiques. Il y a le rivage couvert et le rivage nu.

Le rivage couvert, c'est la verte savane où se mêlent les eaux de la mer et des fleuves.

L'autre rivage, c'est la bordure des bois des étangs, des savanes, la prairie noyée, le marais sous toutes ses formes.

La simple différence de liquidité du milieu devait entraîner une différence correspondante dans la forme du pied des oiseaux créés pour y vivre.

La nature, en effet, pour faciliter à l'échassier de la savane le parcours de son milieu plein d'eau, ou l'occasion de nager et même de plonger, qui se rencontrait encore à chaque pas, a substitué la raquette à la rame dans l'armature de ses pieds. Elle a étagé la base du support, *en insérant le pouce au niveau des doigts de l'avant, et en le faisant porter sur toute sa longueur.* Pour faire un avantage à l'échassier de la plage, destiné à marcher sur un terrain plus ferme, elle a usé du procédé contraire. Elle lui a dégagé le pied et allégé la marche, en le débarrassant de la gêne du pouce. Elle a fait de ce pouce un doigt rudimentaire, en l'insérant à l'arrière à une trop grande hauteur, et n'a pas même hésité à le supprimer en maintes circonstances.

Eh bien, cette conformation du pied va nous révéler non-seulement le plus ou moins d'habileté artistique des échassiers, mais elle nous racontera les mœurs et la tendresse de ces oiseaux pour leur progéniture. Ainsi chez les espèces qui n'appuient que sur trois doigts, dont le pouce, inséré très-haut, n'est plus qu'un objet de luxe, on compte un très-grand nombre d'épouses et de mères

Fig. 58. — Nid de poule d'eau.

délaissées, d'amants batailleurs et jaloux, complétement étrangers aux joies de la famille. Presque tous ces oiseaux sont polygames, ils ne se préoccupent guère de leur nid; ils nichent presque tous à terre; et leurs petits à peine éclos sont en état de pourvoir à leur nourriture. Leur bec n'est pas non plus organisé pour la confection du nid. Les uns ont en guise de bec une véritable sonde, grêle, longue, effilée, et généralement droite; les autres l'ont épais et dur. Parmi les premiers, nous citerons les plus connus : les échasses, les avocettes, les huîtriers, les courlis, les barges, les bécasses, les chevaliers, les combattants, les vanneaux, les pluviers, etc.; et parmi les seconds : les glaréoles, les grues, etc.

Les échassiers, au contraire, chez lesquels le pouce est inséré au niveau des doigts de l'avant, et qui marchent par conséquent sur quatre doigts, appartiennent à une espèce supérieure; ils nichent volontiers sur les arbres; ils sont monogames, et abecquent longtemps leurs petits; ainsi sont les rales, les kamichis, les hérons, les cigognes, les marabouts, les ibis, les spatules, les flamants, etc.

Parmi tous ces oiseaux, la poule d'eau mérite d'être citée pour la forme de son nid. Ce nid est placé tantôt sur les bords d'un marécage, tantôt à la surface de l'eau. « Là, ce sont, dit Pouchet, autant de petits autels élevés au-dessus du sol, et couronnés par une tonnelle de roseaux, dont les feuilles recourbées forment une élégante petite voûte de verdure au-dessus de la couvée; ailleurs, flottants à la surface des étangs, et presque totalement dérobés aux regards par une ceinture de jeunes roseaux. L'entrée, par une particularité qu'on ne rencontre dans aucune autre, est décorée d'une longue traînée de roseaux, qui tombe obliquement des bords du nid jusque dans l'eau, et sert d'escalier à la femelle pour monter dans sa couche, quand elle y arrive à la nage.

124 L'AMOUR MATERNEL CHEZ LES ANIMAUX.

Ce nid repose d'ordinaire sur des feuilles de joncs fléchis ou entre plusieurs souches de joncs, au-dessus de la surface de l'eau. Il est rarement établi à sec sur quelque éminence du sol. L'oiseau le pose volontiers sur

Fig. 59. — Nids de flamants rouges.

des morceaux de bois. Le mâle et la femelle travaillent de concert et avec beaucoup de soin à sa construction.

Terminons cette rapide étude des manifestations de l'amour maternel dans les nids des échassiers par celui des oiseaux qui est le type idéal de cette famille, nous voulons parler du flamant, un des plus grands oiseaux du globe, dont le corps imperceptible est juché sur des jambes d'une incommensurable grandeur. La nidification de cet oiseau est des plus curieuses. Avec de si longues jambes, il n'aurait pas été facile à la mère de couver sans certaines précautions. Aussi a-t-elle imaginé de se construire un cône d'argile d'une élévation correspondante à celle de ses échasses ; elle tronque le cône à la hauteur convenable, et creuse à son sommet une cuvette où elle pond. Cette disposition ingénieuse lui permettra désormais de couver à califourchon, les pieds pendants à terre.

LE NID CHEZ LES OISEAUX COUREURS

Voici que nous quittons l'empire des ondes, la mer, les fleuves, les lacs, les étangs et les marais. La terre est formée ; elle est couverte d'énormes animaux aux pieds robustes. Ce sont des oiseaux gigantesques semblables à des mammifères ; l'un d'eux a été comparé au chameau, c'est l'autruche. Ces animaux sont, en effet, tous deux les enfants du désert : leur structure, leurs facultés sont admirablement appropriées aux nécessités de leur habitat. L'imagination s'est beaucoup exercée sur la forme singulière de ces oiseaux. On connaît la légende d'après laquelle l'autruche aurait perdu la faculté de voler pour avoir, dans un accès d'orgueil insensé, voulu atteindre le soleil : ses rayons lui brûlèrent les ailes, elle retomba misérablement à terre ; et aujourd'hui encore elle est incapable de voler, et elle porte à la poitrine les traces de sa chute.

Aux légendes a succédé la science, qui sait donner la véritable raison des choses, et qui nous dit que si les oiseaux coureurs n'ont point d'ailes, c'est parce qu'ils ont des jambes très-développées. Nous retrouvons ici la loi des compensations et la suppléance d'action organique. Ces animaux devant vivre la plupart sur terre avaient plus besoin de pattes que d'ailes. A un habitat plus dense, il fallait des instruments de locomotion plus résistants : une patte, un fémur, un tibia, au lieu d'une aile. L'autruche, qui est pour nous un oiseau si énorme, n'est elle-même qu'une assez faible créature, comparée aux deux merveilles de l'ornithologie : l'épiornis et le diornis gigantesque de la Nouvelle-Zélande, dont le muséum des chirurgiens de Londres possède une partie du squelette, et qui devait avoir 15 pieds de hauteur. L'os de la jambe d'un homme n'est qu'un grêle fuseau près de celui de cet oiseau colossal. Quoi qu'il en soit, les coureurs actuels tiennent toujours au monde aquatique par leur conformation, mais ils n'ont pas encore la patte du grimpeur, la sveltesse et le chant des habitants du bois. L'ordre débute par l'autruche, qui est une sorte d'oiseau quadrupède, comme le manchot est un oiseau-poisson. L'autruche ne vole pas, c'est de tous les animaux à plumes de la création le seul qui n'ait que deux doigts aux pieds. Néanmoins, les trois quarts de ces oiseaux sont déjà doués de la faculté de percher, qui implique celle de saisir, de nidifier, faculté dont les oiseaux n'usent guère que pour chercher un refuge contre leurs nombreux ennemis, ou bien un juchoir pour la nuit. Tous se servent de leurs ongles pour gratter le sol et y chercher leur subsistance. Leurs nids n'ont rien de remarquable, néanmoins ils sont toujours placés de façon à être à l'abri des ravisseurs dans des endroits plus ou moins cachés.

D'après les récits les plus récents de voyageurs en Afrique, le nid de l'autruche n'est guère qu'une dépression circulaire à peine creusée dans le sol, et juste assez grande pour que l'autruche puisse se couvrir. Tout autour, ces oiseaux forment avec leurs pattes une sorte de remblai contre lequel ils appuient les œufs. Les autruches cherchent à cacher l'endroit où est ce nid ; elles n'y courent jamais directement, mais elles y arrivent en décrivant de longs circuits ; elles s'en éloignent aussi, afin qu'on ne puisse remarquer où il est situé. M. Hardy, directeur du jardin botanique d'Alger, qui a obtenu la première reproduction d'autruches captives, raconte comment, au moment de la ponte, les autruches creusent un nid en terre. Le mâle et la femelle concourent à ce travail ; ils prennent des becquetées de terre qu'ils rejettent en dehors de l'enceinte qu'ils veulent creuser ; pendant cette action, les ailes sont pendantes et agitées d'un léger frémissement. Ils réussissent ainsi à attaquer la terre la plus dure. Le sol du parc où ont été faites ces observations avait été rechargé de pierres, de décombres, de graviers : c'était une sorte de ciment. L'excavation circulaire n'en était pas moins creusée à coups de bec, et des pierres d'un volume assez considérable en étaient extraites et mises à l'écart.

Presque tous les coureurs sont polygames et d'une jalousie extrême ; les mâles sont batailleurs, orgueilleux, gourmands, et paresseux. En revanche, les femelles sont, comme nous le verrons, d'excellentes mères. Ce sont, la plupart, de braves habitantes des campagnes, sans coquetterie, sans art, qui attachent moins d'importance à la forme qu'au fond, qui, si elles ne s'occupent pas de faire un berceau coquet à leurs petits, sont pour eux pleines d'attention, de tendresse et de dévouement. Témoin la caille qui, dans son ardeur à couver, se laisse blesser par la faux du moissonneur plutôt que d'abandonner son nid ; témoin la dinde, dont la fièvre d'amour est si puissante qu'elle se laisse mourir sur ses œufs ; témoin encore l'acharnement de la perdrix pour sauver sa famille en danger.

Quoique l'ordre des oiseaux coureurs, qui comprend les coureurs proprement dits, les pulvérateurs et les gallinacés, n'offrent pas des nids bien remarquables, il en est cependant deux parmi les gallinacés que nous ne pouvons passer sous silence, tant ils sont curieux, c'est d'abord le nid du mégapode tumulaire.

Cet oiseau est, selon les uns, de la grosseur d'une poule-faisane; et, selon d'autres, il a le port et la taille d'une perdrix, et sa robe brune rappelle les sombres couleurs de beaucoup d'oiseaux de sa patrie, l'Australie, cette terre des merveilles zoologiques. C'est aux voyageurs Gilbert et Macgillivray que nous devons la description de ces nids extraordinaires.

Ils varient sous le rapport du volume, de la forme et des matériaux qui entrent dans leur composition. Généralement, ils sont situés près du bord de la mer, et sont formés de sable et de coquillages; quelques-uns renferment de la vase et du bois pourri. Gilbert en trouva un qui avait 5 mètres de haut, et $5^m,53$ de circonférence, un autre qui avait 50 mètres de circonférence; Macgillivray en vit aussi un qui avait les mêmes dimensions. Il est très-probable que ces nids sont l'œuvre de plusieurs couples, et que, chaque année, ils sont agrandis et réparés. La cavité de ce nid a une direction oblique en bas du bord du sommet vers le centre, ou du centre du sommet vers la paroi latérale. Les œufs sont à 2 mètres de profondeur, à une distance de 60 centimètres et plus de la paroi latérale. Les indigènes ont raconté à Gilbert que ces oiseaux ne pondent qu'un œuf dans une cavité, puis la remplissent de terre, et aplanissent parfaitement la place de l'ouverture. N'est-ce pas là encore de la prévoyance maternelle que ces tumulus qui ont demandé pour être construits plus de labeur que le célèbre tumulus d'Achille et de Patrocle?

Un autre oiseau de l'Australie a la même prévoyance maternelle que le mégapode; mais au lieu d'être terrassier, lui, c'est un rude glaneur. Le télégalle, qui est aussi de la famille des gallinacés, confectionne son nid avec de l'herbe qu'il ramasse dans la campagne, et dont

Fig. 40. — Talégalle de l'Australie, glanant de l'herbe pour construire son nid.

il fait un énorme tas, comparable aux mulons que nos faneuses élèvent dans nos prairies. Mais ce n'est pas avec son bec qu'il travaille, c'est avec ses pattes. A l'aide de l'une de celles-ci, il ramasse une petite botte de foin et l'étreint dans ses doigts, puis il l'apporte au nid en sautillant à cloche-pied sur l'autre patte. Quand, à la suite de ses incalculables voyages, le tas est devenu assez volumineux, la femelle lui confie ses œufs. Sachant sans doute aussi bien que nous que le foin s'échauffe en séchant, c'est sur cette chaleur qu'elle compte pour l'incubation de sa progéniture qu'elle abandonne immédiatement après la ponte.

LES PASSEREAUX, LES GROS BECS, OU GRANIVORES

Le monde des passereaux est le monde des artistes par excellence ; c'est le monde des musiciens, des sculpteurs, des dessinateurs et des savants ; c'est la société des gens distingués, aux formes élégantes, aux pieds fins, au beau langage, à l'intelligence vive, aux sentiments tendres et délicats. Là, nous voyons la mère honorée, respectée. L'autorité souveraine lui est dévolue, c'est elle qui gouverne. La monogamie y est la loi : l'affection mutuelle est constante. Là, point de vaines coquetteries de la part des mères. Toujours moins richement vêtues que leurs maris, elles n'excitent point de regards indiscrets ; elles sont tout entières à leur époux et à leur famille. Ce n'est pas que la beauté leur manque. Quoique moins fortes et revêtues d'un costume moins brillant, elles ont plus de grâce et d'intelligence, leur forme est plus svelte et plus délicate, leurs attaches sont plus fines. Elles sont munies de tarses plus transparents, de becs et de doigts plus habiles. Aussi la nature les a-t-elle chargées de la partie la plus artistique et la plus importante de la fonction familiale :

la bâtisse du nid et l'éducation secondaire de la jeune famille.

L'époux, compagnon d'éternelle bonne humeur, toujours bon et tendre, aide son épouse dans la mesure de ses moyens ; il l'aide comme manœuvre dans les travaux

Fig. 41. — Nid de chardonneret

de la bâtisse du nid ; il pourvoit à tous ses besoins, et l'endort de ses chants.

Le nid, artistement travaillé, est situé, tantôt à l'extrémité d'un rameau, tantôt sur une branche épaisse ; d'autres fois, au milieu du feuillage, dans un tronc d'arbre, dans une crevasse de rocher, dans un trou de mur, dans un buisson, dans les roseaux, ou encore au milieu des herbes. Extérieurement, il est tissé et feutré avec soin ; il est formé de matériaux dont la couleur s'harmonise avec celle des objets environnants. L'intérieur est d'ordinaire mollement tapissé. Le duvet laineux des plantes, des fibrilles, des racines, des mousses, des lichens, de la laine, du fil, des poils et des plumes, forment le lit sur lequel les oiseaux reposent.

Il suffit de voir le nid pour deviner l'artiste. Est-il, en

Fig. 42. — Nid de pinson.

effet, un être plus charmant que le chardonneret, que le pinson, par exemple? Beauté de plumage, douceur de voix, finesse de l'instinct, adresse singulière, docilité à l'épreuve, ce charmant petit oiseau réunit tout. « Il ne lui manque, dit Buffon, que d'être rare, pour être estimé ce qu'il vaut. »

Mais aucune mère d'oiseau ne s'entend mieux à cacher son nid que la mère pinsonne. Ce nid est un véritable chef-d'œuvre d'élégance et de dextérité, que beaucoup de connaisseurs regardent comme un travail plus achevé et plus merveilleux encore que celui du chardonneret.

LES MELLIVORES

Nous sommes toujours dans la grande classe des percheurs à doigts libres. Ces oiseaux ont un caractère distinctif excellent. Leur langue est extensible, ciliée ou tubulée. Leurs pieds sont armés de doigts courts mais robustes, et qui indiquent la nécessité où ils sont de se tenir accrochés aux écorces des arbres, ou aux pétales des fleurs pour s'emparer de leur nourriture. Cette nourriture consiste spécialement dans le miel des fleurs, dans les exsudations et les mannes qui découlent des troncs de divers arbres.

Dans les ouvrages modernes d'Audubon, de Gosse et Burmeister, on trouve la preuve évidente que les colibris sont aussi insectivores. Les nids de ces habitants de l'Amérique du Nord sont taillés sur le modèle de nos nids de pinson et de chardonneret. Le fond est formé par une couche de substance cotonneuse mêlée à des lichens, des brindilles d'herbes sèches, des écailles de fougères. Tantôt toutes ces substances se trouvent dans le même nid, tantôt une seule y est employée. Les lichens appartiennent à des espèces variées, et chaque colibri semble avoir son espèce préférée. Une simple feuille suffit souvent aux ébats de toute une famille, une fleur devient la couche parfumée des époux, et les pétales de sa corolle s'épanouissent en dais velouté sur leurs têtes.

Fig. 45. — Nid du colibri à plastron noir.

LES INSECTIVORES

Les insectivores nous fournissent de nombreux exemples d'amour maternel, c'est pourquoi il importe de savoir distinguer ces oiseaux. Ainsi on ne les confondra pas avec les baccivores. Leurs ailes sont plus aiguës, leurs pieds plus courts, leur tête est plate. Leurs mandibules sont triangulaires, les supérieures garnies de plumes faisant office de filet. Les insectivores stationnent naturellement sur les tiges et sur les hautes branches, et quittent peu les régions de l'air pour descendre sur le sol. Les gobe-mouches et les hirondelles donnent une idée suffisante des principaux genres de la série.

Tous les insectivores sont des oiseaux de passage dans nos climats.

Les instincts de sociabilité et de fraternité sont très-développés chez eux. La plupart de ces espèces voyagent en sociétés nombreuses. Aussi rien de plus naturel que de trouver chez elles un grand amour de la famille, une extrême prévoyance dans l'établissement du nid, surtout chez les fauvettes, qui savent, comme nous allons le voir, le construire si habilement. La mère, lorsqu'elle voit qu'on veut s'emparer de son nid, simule une paralysie pour attirer l'ennemi sur elle. Et si l'on approche du nid avant qu'il soit terminé, les parents l'abandonnent et en construisent un nouveau.

Les nids de toutes les fauvettes de roseaux, dit Toussenel, sont généralement des œuvres d'art, auxquels la critique la plus méticuleuse trouverait difficilement à reprendre. Il y en a un, celui de la cysticole, qui est bâti en forme de bourse dans l'intérieur d'une touffe de carex, et qui, par l'admirable exiguité de ses proportions et la délicatesse du tissage, rappelle les merveilleux travaux du colibri et du chardonneret.

Les hirondelles sont encore des architectes de premier ordre, qui déploient dans la bâtisse de leurs nids un talent prodigieux. Les nids d'hirondelle de cheminée, et surtout ceux de l'hirondelle de fenêtre, sont des travaux merveilleux, dans lesquels intervient avec la science de l'architecte l'art du maçon et du plafonneur.

Non-seulement ce gracieux petit oiseau construit habilement son nid, mais il s'y attache si bien qu'il sait, après de longs mois d'attente, et après avoir traversé de lointains pays, le retrouver et l'habiter de nouveau. Depuis plusieurs années, un de mes amis a sous le portail de sa maison un nid d'hirondelles qui, tous les ans, sert de résidence d'été à un couple fidèle. Ce sont des locataires parfois un peu indiscrets mais sans malice, et ils ont si bon cœur, soignent si bien leur famille que mon ami, touché de leur amour maternel, les considère maintenant comme faisant partie de sa maison, et quoique ces locataires ne lui payent pas de loyer, il serait désolé de les voir abandonner son toit.

Les baccivores ou becs-fins, tels que bergeronnette, motteux, traquet, fauvette, grive, roitelet, loriot, etc., sont aussi d'excellentes mères, également très-habiles dans l'art de construire des nids élégants.

Le nid du loriot surtout est un véritable chef-d'œuvre par l'élégance de la forme, la richesse des matériaux, la délicatesse du travail et la solidité de la bâtisse. Quelquefois, ce nid, attaché par un système d'élégants cordages à quelques brindilles, à l'instar de la nacelle d'un aérostat, flotte dans le vide de la verdure ambiante, et la bercelonnette semble un hamac mobile où la brise du printemps s'amuse à bercer les petits.

Fig. 44. — Nid de fauvette de roseaux.

LA PONTE ET LA COUVÉE

Le nid est terminé; nous avons vu avec quel patient amour la mère a apporté pièce à pièce tout un chantier de matériaux : mousse, crin, laine, plumes, brindilles de toutes sortes. Que de recherches, que de voyages n'a-t-il pas fallu faire ! Que de jours, que d'heures employés à la construction de cette coupe d'amour maternel! que de tendresse chez ces deux charmants petits êtres, unis seulement par la sympathie, et qui s'aiment si tendrement ! Est-il une mère qui prépare avec plus de sollicitude le berceau de son enfant? Instinct, intelligence, activité, attention, prévoyance, toutes les facultés ont été mises en jeu. Le sentiment était si profond, l'émotion si grande, que le souffle était comme retenu, les oiseaux se taisaient. Mais une fois l'œuvre terminée, l'idéal atteint, l'artiste a retrouvé sa voix, il est heureux, il chante son bonheur. Peut-être aussi est-ce en témoignage de reconnaissance pour sa compagne, qui a été vraiment l'auteur du nid, que l'époux fait entendre sa voix joyeuse et douce. A cette reconnaissance pour un premier travail accompli, se joint sans doute un encouragement pour la ponte et l'incubation qui vont suivre.

« Le nid fait et garanti par tous les moyens de prudence

qu'a pu trouver la mère, elle s'arrête, dit Michelet, sur son œuvre finie et rêve l'hôte nouveau qu'il contiendra demain. A ce moment sacré, ne devons-nous pas nous aussi réfléchir et nous demander ce que contient ce cœur de mère, une âme? Oserons-nous dire que cette ingénieuse architecte, cette mère tendre ait une âme. »

Je ne discuterai point sur cette question délicate, mais ce dont je suis sûr, c'est que le cœur de cette mère est plein d'un amour maternel infini, un amour capable de vaincre ses habitudes, de s'imposer toutes les privations et, au besoin, de sacrifier sa vie. Ah! c'est que la ponte est une des phases intéressantes de la maternité, car l'œuf est le fruit des entrailles de la mère des oiseaux, c'est une partie d'elle-même; il contient en germe l'espoir de la famille, un élément de reproduction dont elle a la garde, qu'elle doit déposer en lieu sûr, pour accomplir le vœu de la nature. Aussi avons-nous vu avec quels soins les oiseaux ont préparé les nids qui doivent tenir chauds et cachés ces petits mondes en coquille qu'on appelle les œufs. Pour les oiseaux constructeurs de nids, l'endroit où sera déposé le précieux fardeau est donc préparé, la mère n'a aucune inquiétude à cet égard; mais chez ceux qui n'ont pas eu cette prévoyance, on la voit, au moment de la ponte, inquiète et agitée. Ainsi la poule va, vient, jase et caquette, devisant et semblant délibérer avec elle-même, cherchant un coin paisible où son œuf puisse être mis en sûreté. Puis, l'œuf pondu, la fonction accomplie, la mère transportée de joie ne peut plus contenir son secret. On dirait qu'elle veut faire savoir à tout le monde son bonheur. Elle chante, elle crie à tue-tête co-co-co-das-codas. Le père se mêle à ses chants d'allégresse, et c'est le matin, dans la ferme, un joyeux concert d'amour maternel. C'est aussi sous la feuillée un caquetage, un babillage sans fin, chacun se raconte le bonheur d'une fonction accomplie avec d'autant plus de plaisir qu'elle se rattache plus immédiatement à la grande loi de la conservation des êtres. Ainsi tout se passe joyeusement dans la nature. Mais quand la spéculation et l'amour du lucre interviennent, quand on veut détourner les fonctions naturelles de leur but, quand on veut faire pondre les poules au delà des lois normales pour en tirer un plus grand profit, la poule devient une machine à pondre, elle oublie ses préoccupations maternelles, elle n'a plus d'émotions, plus de crainte, plus de sollicitude. Ce n'est plus l'amour qui la guide, c'est la fonction qui la presse. Elle va pondre sans souci toujours au même endroit. L'abondance dans laquelle elle vit, la facilité qu'elle a de recevoir sa nourriture ou de la trouver toujours à la même heure, et qui la dispense de travail, de soin et d'inquiétude, détruit en elle les instincts de la maternité pour n'en faire qu'une pondeuse. Et, cependant, cet amour maternel est si inhérent à sa nature, la mère est si attachée à la conservation de son espèce, qu'on abuse du besoin qu'elle a de couver, de donner le jour à un nombre déterminé de jeunes poussins. Quand sa ponte est complète, la poule se met aussitôt à couver ; mais si on lui retire tous les jours ses œufs, elle continue de pondre, toujours dans l'espoir d'avoir son nombre déterminé de petits poussins, et ainsi elle pond quatre ou cinq fois plus qu'elle ne devrait. Ce qui a fait dire que si les oiseaux n'ont pas une connaissance exacte du nombre de leurs œufs, ils savent distinguer un grand nombre d'avec un petit.

C'est donc en trompant l'amour maternel des oiseaux, en les dispensant de tout travail, de tous soins, de toute inquiétude pour les besoins de la vie, que nous faisons des gallinacés des machines que nous montons, que nous arrangeons nous-mêmes pour la multiplication, car le coq et la poule sauvages ne produisent dans l'état naturel guère plus que nos perdrix et nos cailles ; et quoique de tous les oiseaux les gallinacés soient les plus féconds, leur produit se réduit à dix-huit ou vingt œufs, et leur ponte à une seule saison lorsqu'ils sont dans l'état de nature. A la vérité, il pourrait y avoir deux saisons et deux pontes dans des climats plus heureux, mais alors le nombre des œufs est moins grand, et le temps de l'incubation est plus court.

L'instinct de la mère vient en aide à son inexpérience. Elle s'attache à ce corps inerte avec une passion que nous ne comprenons pas, et que nous ne pouvons pas comprendre. Est-ce de l'amour maternel? « Certainement non, affirme Frédol, l'auteur du *Monde de la mer!* C'est un sentiment voisin, dit-il, très-voisin, préliminaire, si l'on veut, mais, à coup sûr, bien différent. L'amour maternel n'existe pas encore, il ne viendra que plus tard; il viendra quand les petits seront éclos.

« Cet attachement pour les œufs pousse les oiseaux à s'accroupir sur ces bizarres produits et à les échauffer... *Ils pressent ces cailloux contre leur cœur.*

« Les parents qui couvent pour la première fois savent-ils quels seront les résultats de leur incubation? L'instinct est encore ici leur directeur et leur mobile! Aussi voit-on souvent des femelles et même des mâles, quand ils couvent, oublier le boire et le manger, tant est grand l'amour de l'œuf. »

Que l'oiseau qui construit son nid, pond ses œufs et les couve avec tant de passion, ne soit poussé que par un instinct, cela est probable; mais que cet instinct soit si différent de l'amour maternel, nous ne le croyons pas. Pour nous, il en est la première manifestation plus ou moins consciente, si vous voulez, mais il n'en est pas moins certain que la construction du nid, la ponte, l'incubation, ne sont que des phases différentes, que l'évolution successive d'un même sentiment, l'amour maternel, dont le but est la conservation et la propagation de l'espèce. Et cet amour nous paraît d'autant plus grand que la mère agit et prévoit davantage.

« Que peut, en effet, comme le dit Michelet, la mère dans l'existence mobile du poisson? rien que confier son œuf à l'Océan ; que peut-elle dans le monde des insectes, où généralement elle meurt quand elle a donné l'œuf? lui trouver avant de mourir un lieu sûr pour éclore et vivre. »

Même chez l'animal supérieur, où la mère est si longtemps pour le petit son nid et sa douce maison, les soins de la maternité sont d'autant moindres. Pour la mère de l'oiseau, c'est différent; elle sait tout le soin qu'il faut pour que ses œufs ne se refroidissent pas. Un moment d'absence suffit pour compromettre l'avenir du petit être que couve son amour. Aussi, croyons-nous que Michelet n'est pas si éloigné de la vérité que Frédol, quand il dit : « Oui, cette mère, par la pénétration, la clairvoyance de l'amour, sent, voit distinctement..

« A travers l'épaisse coquille calcaire où votre rude main ne sent rien, elle sent par un tact délicat l'être mystérieux qui s'y nourrit, s'y forme. C'est cette vue qui la soutient dans le dur labeur de l'incubation, dans sa captivité si longue. Elle le voit délicat et charmant dans son duvet d'enfant, et elle le prévoit par l'espoir tel qu'il sera, fort et hardi, quand, les ailes étendues, il regardera le soleil et volera contre les orages. »

Ah! qu'on ne dise plus que ce n'est pas l'amour chez la mère de l'oiseau qui la fait travailler avec tant de passion à son nid, la fait apporter avec tant de patience tous les matériaux dont elle a besoin, et chercher la meilleure place pour que ce nid bien chaud, bien préparé pour l'incubation, ne soit pas découvert. Quel autre sentiment pourrait ainsi tenir la mère sur ses œufs dans une sorte d'extase, de ravissement, d'oubli d'elle-même.

C'est assurément dans l'incubation que les oiseaux manifestent le mieux leur amour maternel, car cette auguste fonction est essentiellement le privilége des mères. Et comme tout est harmonie dans la nature, nous verrons que les espèces dont l'organisation est plus parfaite, dont les mœurs sont plus pures, ont aussi le sentiment maternel plus élevé, et un amour de la famille plus sérieux. Nous verrons que chez les espèces qui vivent en polygamie, l'affection, étant partagée, est moins vive et moins durable, les époux sont moins attachés à leur épouse. Et, dès l'époque de la ponte, les pères, insouciants et volages, abandonnent aux mères tout le soin de la couvée, de la nourriture des petits. Heureux encore quand, emportés par leur passion, ils ne viennent pas troubler la mère dans son œuvre sainte et ne cassent pas ses œufs.

Les oiseaux monogames, au contraire, ont des mœurs plus pures, une vie plus régulière, un amour de la famille, qui semble inspiré par le sentiment dirigé par le devoir, et qui établit entre le père et la mère des liens autrement puissants que ceux de la passion. Les maris s'attachent davantage à leur compagne ; ils concentrent leur affection en elle seule, l'aident à construire son nid, la soulagent souvent à leur tour des soins de l'incubation, la réjouissent de leurs chants, lui apportent de la nourriture, dégorgent à leurs petits la pâtée, contractent enfin une union plus intime, forment une famille, où les agréments, les fatigues, les peines, sont mis en commun et également partagés : douce alliance où des époux fidèles n'ont qu'un même sentiment, qu'un même cœur, et où l'amour allège tous les maux. Tels sont les tourterelles, les ramiers et pigeons, les perroquets, les pics, les petits oiseaux chanteurs. Dans ces familles, les maris sont admis aux honneurs de la fonction auguste. C'est aussi par ses vertus que le mâle de l'hirondelle a gagné le droit d'exercer, conjointement avec son épouse, le métier de maçon.

En général, le rôle du père de famille ne commence à prendre un peu d'importance qu'après l'éclosion des petits, alors qu'il passe de la fonction de pourvoyeur et de charmeur de la mère à celle de nourrisseur en chef de la jeune famille.

L'importance de ce rôle est d'autant plus réelle qu'après l'incubation la mère a été réduite par la fièvre d'amour maternel à un état de maigreur extrême, qu'elle a grand besoin de réparer ses forces et de se décharger un peu sur son époux des premiers soins de l'éducation de sa progéniture. C'est que, en effet, les mères dévouées, les mères qui aiment, emploient tous leurs instants à couver leurs œufs; elles n'ont d'autres soucis, ni d'autres soins que de communiquer à travers l'enveloppe de l'œuf leur chaleur, leur amour et leur vie au petit être immobile qui, grâce à elles, pourra tout à l'heure briser les murs de sa prison et voir enfin la lumière. On comprend quelle attention soutenue, quelle continuité de chaleur il faut pour développer le germe de l'œuf, quand on songe que pour cela il faut une température de 32° à 40°, maintenue sans refroidissement.

Pendant que la mère est tout entière à cette œuvre, le père se tient aux environs; il veille à ce qui peut arriver, ne craint aucun ennemi, brave les plus dangereux, s'il ne peut les écarter ou leur résister. Lorsqu'aucun accident, aucun danger, ne troublent son bonheur, il en exprime le sentiment par ses joyeux accents qu'il n'interrompt plus.

Nous avons vu chez les oiseaux que nous considérons comme inférieurs, chez les palmipèdes, par exemple, la polygamie être l'habitude, et le nid être à l'avenant de leur conformation et de leurs mœurs. Ainsi, parmi les oiseaux à nageoires, qui sont ambigus entre le règne des poissons et celui des oiseaux, toutes ces espèces piscivores ne vont guère à terre que lorsque l'amour maternel les y mène. Les femelles nichent et couvent en commun dans de vastes terriers, ou bien encore dans des camps retranchés. Elles ne pondent qu'un seul œuf, et cette habitude de monoviparie est presque générale chez les pélasgiens. Le manchot, comme le kangourou, est un moule d'ébauche inférieure ; ses petits naissent avant terme comme le kangourou ; le manchot a un repli dans sa tunique abdominale, qui lui sert à loger son œuf, à l'emporter, à le couver.

Tous les bréviptères : pingouin, guillemot, macareux, cerorhine, starique, mergule, nichent dans les terriers ou dans les fissures des falaises; ils ne pondent qu'un seul œuf d'une forme très-pointue.

Les pétrels géants s'en vont pondre au printemps sur les grèves des îles Malouines. Ils y sont en si grand nombre, et la quantité de leurs œufs est si prodigieuse, que le capitaine américain Orne a pu en charger des canots et en nourrir son équipage. D'après une relation de Delano, autre capitaine américain, il paraîtrait que les pétrels mettent beaucoup d'ordre dans l'arrangement général de leurs œufs; qu'ils vivent à cette époque en république, et exercent tour à tour une surveillance toute particulière sur l'établissement de ponte et d'incubation qu'ils ont fondé sur ces grèves solitaires.

Après ces espèces, viennent encore, parmi les palmipèdes, celles qui ont quatre doigts, les trois de l'avant et celui de derrière reliés par une membrane continue : paille-en-queue, anhinga, fou, pélican, cormoran, etc. Ces oiseaux, pourvus de longues ailes et de pieds archipalmés, sont des pêcheurs par excellence.

Le pélican a longtemps passé pour le symbole de la tendresse maternelle, alors qu'on ne regardait pas aux pieds des gens pour connaître leur cœur ou leur intelligence.

Le pélican blanc niche à terre dans les lieux écartés, escarpés, solitaires. Les femelles aiment à se réunir pour pondre en société, et nous verrons plus loin que leur amour maternel ne mérite pas l'éloge qui en a été fait.

Ceux des oiseaux qui ont deux membranes aux pieds,

dont la voilure de l'arrière est séparée de celle de l'avant, ainsi : harle, merganette, céreopsis, oie, cygne, arboricygne, tadorne, canard, fuligule, hydrobate, plongeon, héliornis, ayant un pied plus perfectionné, ont aussi

Fig. 45. — Pétrel tempête.

un amour maternel plus développé. La femelle du harle couve durant cinquante-sept jours, et, comme les bonnes mères, elle s'attache à ses petits en raison de la peine que leur éducation lui a donnée.

A l'état domestique ou de civilisation les canards

sont sont toujours polygames et ont moins soin de leur famille. Le canard sauvage entoure sa couvée de soins attentifs.

Les mères canes, il est vrai, conservent des habitudes plus régulières. L'amour de la famille, l'instinct de la maternité, les préservent de pareils désordres. Elles sont tout occupées de leur progéniture. Quand elles ont pondu, elles mettent le plus grand soin à cacher leurs œufs ; et quand elles couvent, elles sont si ardentes, qu'on les voit quelquefois, comme les poules, succomber d'épuisement sur leurs œufs.

A l'état sauvage, l'oie est aussi monogame, au moins pour une saison. Les oies sauvages pondent beaucoup moins que les oies domestiques. On reconnaît dans les basses-cours que le moment de la ponte est venu quand les oies portent à leur bec des brins de paille dont elles veulent construire leur nid. Si l'oie choisit un endroit convenable, il ne faut pas la déranger, mais seulement l'aider. Si elle l'a mal placé, il faut lui commencer un nid dans un lieu convenable, c'est-à-dire dans un endroit sec, chaud, solitaire; placer à côté du nid un peu de paille coupée, afin d'engager l'oie à le continuer. Il faut enfin apporter de la nourriture près du nid pour qu'elle puisse manger sans se déranger. Les oies sont très-ardentes couveuses. L'incubation dure de vingt-sept à vingt-huit jours. Elles sont également capables de subir un long jeûne pendant qu'elles couvent. Le docteur Franklin raconte qu'une vieille oie couvait depuis une quinzaine de jours ses œufs dans la cuisine d'un fermier, lorsqu'elle tomba tout à coup malade. Sentant sa fin prochaine, elle quitta son nid et se rendit dans une dépendance de la ferme, où il y avait une jeune oie d'un an. La vieille mère lui communiqua ses pensées et ses inquiétudes sur l'avenir de sa couvée. Il faut croire que ce langage fut entendu, car la jeune oie, qui n'était jamais entrée jusque-là dans la cuisine, y vint pour la

Fig. 46. — L'oie qui meurt près de son nid.

première fois, conduite par la malade. Elle sauta immédiatement dans le nid de la vieille, qui s'assit à côté d'elle et mourut. La jeune couva et éleva les petits.

La conformation des jambes des échassiers influe sur le mode d'incubation; la patte a aussi son influence. Ceux de ces oiseaux qui ne s'appuient que sur trois doigts sont polygames; ils ne savent pas construire de nid; ils n'ont pas grande prévoyance maternelle. Leurs petits à peine éclos sont en état de pourvoir à leur subsistance.

Ceux qui appuient sur les quatre doigts en marchant, les pollicigrades, sont monogames, amis des eaux douces; ils nichent volontiers sur les arbres, et abecquent longtemps leurs petits. Le mâle de la poule d'eau aide sa femelle dans la construction du nid, et remplit dignement tous les devoirs d'un père de famille. La mère pond huit à dix œufs chaque printemps. Les petits naissent couverts de duvet noir, et sortent du nid aussitôt qu'ils sont éclos. Quand la mère quitte ses œufs, elle a grand soin de les couvrir, à l'instar de la perdrix, pour dérober ce fruit tentateur à la vue perçante du corbeau, qui est la bête noire de toutes les couveuses.

Les hérons mâles sont tous des modèles de soumission conjugale, de constance, et leur unique ambition est d'être admis, comme l'hirondelle et la tourterelle mâles, aux honneurs de l'incubation. Ne pouvant toujours obtenir de leurs compagnes qu'elles se déchargent sur eux d'une partie du fardeau de la maternité, ils mettent, du moins, tout leur zèle et toute leur intelligence à leur en alléger le poids. Chacun de ces tendres époux veille avec une sollicitude extrême à ce que le garde-manger de la couveuse soit constamment garni de poisson frais de l'espèce qu'elle aime. L'histoire ne rapporte pas que Philémon lui-même ait jamais eu pour Baucis de pareilles attentions. A peine l'éclosion a-t-elle eu lieu, que le père couve impérieusement pendant plusieurs jours, et il prend pour lui la charge de l'entretien de la jeune famille.

Chez les cigognes, ainsi que chez les pigeons, et chez les hirondelles, le mâle est admis à partager les soins de l'incubation, ce qui est un privilège rare, et accordé seulement aux mâles des espèces de haut titre. La cigogne est l'emblème des cœurs droits, et sincères, esclaves de leur foi et sobres de promesses.

Le mâle de la bécassine ne se tient pas de joie pendant que sa compagne est en travail d'incubation; il chante à tue-tête, et son vol est des plus curieux. « C'est, dit Toussenel, une alternance indéfinie d'ascensions verticales et de descentes en parachute, dont le nid est le point d'arrivée et le point de départ. Vous venez de voir l'oiseau piquer droit dans la nue, à la façon des martinets et des fusées volantes; votre oreille le suit encore, que votre œil l'a déjà perdu; mais attendez quelques secondes qu'il ait eu le temps de courir une vingtaine de bordées dans l'espace, et de héler son enthousiasme aux quatre points cardinaux du ciel. Le *revoilà*, regardez, qui plonge et s'abat sur le sol; il va s'y enclouer, tant sa chute de plomb est rapide; heureusement que son parachute s'est déployé à temps comme il allait toucher terre. Admirez avec quelle grâce et quelle légèreté il se balance sur ses ailes : c'est pour faire le Saint-Esprit sur la tête de la couveuse, c'est pour l'endormir par une passe et pour la tenir encharmée. Après quoi, il remontera pour redescendre encore, et toujours, et toujours. O heureux par-dessus tout, ceux qui aiment et qui n'ont jamais fini de le dire, le royaume du ciel est à eux ! »

Chez les échassiers, la durée de l'incubation est beaucoup plus longue. Voyez l'autruche. L'incubation dure ordinairement six semaines, et elle est partagée par le mâle et la femelle. Les mères pondent généralement dans le même nid, et vivent en bonne intelligence. Levaillant en a vu quatre se relayer pour couver trente-huit œufs déposés dans la même excavation. Elles ne couvent que pendant la nuit, la chaleur brûlante du jour étant suffisante pour maintenir les œufs à une température convenable. Pendant les nuits froides, elles se mettent à deux à la fois sur le nid qu'elles ont, d'ailleurs, à défendre contre les incursions des chats, des tigres et des chacals. Levaillant a également observé que les mères mettent un certain nombre d'œufs non couvés pour servir de nourriture aux petits aussitôt après leur éclosion. On a observé, au Jardin des Plantes, où les émeus de la Nouvelle-Hollande se reproduisent quelquefois, que c'était le mâle qui se montrait le plus assidu à remplir les fonctions de couveur. C'est également ce qui a été observé, au Jardin d'acclimatation pour le casoar, dont la ponte a lieu au commencement de l'hiver, qui est en Australie la saison correspondant à notre printemps. Le mâle couve seul les œufs pendant 62 jours; et les jeunes, faciles à élever, ont une croissance si rapide, qu'à l'âge d'un an ils ont presque atteint la taille des adultes.

La dinde, cette excellente mère, après avoir creusé un trou, pond de 10 à 15 œufs, qu'elle couve avec une persévérance sans égale. Et lorsqu'elle les quitte pour aller chercher sa nourriture, elle a toujours soin de les recouvrir de feuilles, afin de les soustraire aux regards du renard, du lynx et de la corneille, qui en sont très-friands.

Lorsque arrive l'époque de l'éclosion, aucune puissance ne peut forcer la mère à abandonner son nid, aucun péril n'est capable de lui faire négliger ses douces fonctions.

La caille fait plusieurs pontes par an, et chaque ponte est d'une douzaine d'œufs, plus ou moins. La pauvre mère couve avec tant d'ardeur qu'elle se laisse faucher sur le nid.

Chez les perdrix, le mâle, une fois apparié, reste fidèle à sa compagne, et se tient tapi près d'elle sous la verdure tout le temps que dure l'incubation, c'est-à-dire trois semaines. Il veille sur sa compagne et la prévient au moindre danger. La fièvre d'amour maternel qui s'empare de la perdrix à la fin de son travail est si forte, qu'elle ne voit pas venir le faucheur, elle se laisse faucher sur son nid comme la caille. Les Égyptiens, qui avaient fait de la perdrix l'image de la fécondité, en auraient pu faire aussi bien l'emblème du dévouement maternel. Pline rapporte que quand les perdrix veulent couver, elles cherchent des taillis épais pour y cacher leurs œufs, et les mettre ainsi à l'abri de la rosée, de la pluie et de l'humidité, car s'ils viennent à être mouillés, et que la mère ne les réchauffe pas promptement en se couchant dessus, ils ne produisent rien.

L'amour de la famille est tellement développé chez la poule, qu'on peut impunément aussi abuser de sa confiance pour substituer à ses œufs tous les œufs imaginables : œufs de perdrix, de caille, de faisan, de canard. Tous les jours on trompe sa tendresse en lui donnant à couver des œufs de plâtre. « La poule, dit Toussenel, pour avoir une famille à aimer, à élever, couverait des œufs de crocodile, et réchaufferait volontiers des serpents dans son sein. C'est même sur cette facilité extrême avec laquelle elle se charge de l'éducation des familles étrangères que repose principalement l'art de la faisanderie. »

Le talégalle, gallinacé de la Nouvelle-Galles, élève pour faire son nid un monticule d'herbes ou de substances végétales, et au milieu de ces herbes, dans une cavité d'au moins 50 centimètres, il pond deux œufs, puis il les recouvre. Ainsi enfouis dans les substances végétales, ils sont exposés en dessous à la chaleur qui se développe par la fermentation, et reçoivent par en haut l'action du soleil, tant et si bien que sans avoir besoin de couver, à l'aide de cette incubation artificielle, ils voient néanmoins éclore leurs petits. Ne croyez pas que pour être plus industrieux, ils aient moins d'amour et de prévoyance pour leur progéniture. Le mâle est là autour du nid qui, comme un physicien ou un chimiste, suit les diverses phases de l'opération, et observe si l'incubation se fait bien. Tantôt il recouvre les œufs d'une couche de feuilles, tantôt il les expose à l'air, suivant qu'il juge qu'il faut plus ou moins de chaleur.

Comme intermédiaire aux oiseaux coureurs et aux percheurs, la nature a placé l'ordre des colombiens, que Cuvier a rangé parmi les gallinacés, tandis que Linné en a fait un simple groupe dans l'ordre des passereaux ou percheurs.

Les colombiens ne sont, à proprement parler, ni des coureurs, ni des percheurs, ce sont des marcheurs qui partagent leurs heures entre la forêt et la plaine. Beaucoup d'entre eux cherchent leur nourriture à terre comme les coureurs, mais leur pied est plutôt conformé pour le perchement et la marche que pour la course rapide.

Dans toutes les tribus de l'ordre des colombiens, le père partage avec la mère l'incubation, cette fonction attributive de la maternité chez l'immense majorité des espèces, et il se montre si fier de cet honneur que la femelle est souvent obligée de le pousser hors du nid par les épaules pour le forcer de lui céder la place. A peine relevé de garde, le couveur passionné s'élève dans les airs par une pointe verticale, et s'arrête au-dessus du nid pour contempler la mère sur son nid. Cependant, il faut reconnaître que le pigeon domestique est assez impatient quand il couve; il n'aime pas l'immobilité à laquelle cette fonction l'oblige. La femelle couve toute la nuit et une grande partie du jour. Au moment où elle abandonne le nid vers midi, le mâle vient la relayer. Au bout de quatorze à vingt jours, les jeunes sortent de leur prison.

Si nous voulons trouver des types d'amour conjugal et d'amour maternel, c'est aux colombes, qu'il faut nous adresser. Le mâle ne quitte pas la femelle, il reste près d'elle, la distrait par ses roucoulements, pendant qu'elle couve. On peut alors la prendre sans qu'elle abandonne ses œufs. Si rien ne vient les troubler, ils ont trois nichées par an, mais jamais ils n'en élèvent deux dans le même nid.

On a vu naître des gouras au jardin zoologique de Rotterdam. Le mâle apporta les matériaux du nid, la femelle les disposa, et quand l'œuf fut pondu, les deux parents le couvèrent avec ardeur sans l'abandonner un instant, sans se laisser déranger par la foule de visiteurs du jardin qui passaient près d'eux. Le gardien lui-même ne put apercevoir l'œuf qu'une fois, au moment où les deux oiseaux se relayaient.

LES PERCHEURS A DOIGTS LIBRES

Les oiseaux percheurs s'aiment, comme les pigeons, « d'amour tendre » (Lafontaine). Tous sont monogames, tous abecquent leurs petits ; la plupart nichent sur les arbres ; beaucoup chantent comme les colombiens, roucoulent ou gémissent.

Tous les mâles et toutes les femelles de cet ordre sont par excellence des modèles de dévouement et de tendresse familiale, et l'amour de la progéniture y est le naturel couronnement de la tendresse conjugale. Non-seulement chaque père de famille aide la mère dans la construction du nid, mais il pourvoit à tous ses besoins, et quand il sait chanter, il la berce de ses chants pendant toute la durée du travail de l'incubation. Chaque couvée est assez nombreuse. Rarement elle n'est que de 3 œufs, plus rarement encore elle est au-dessus de 8.

De ce que toutes ces espèces abecquent leurs petits, il suit naturellement que la durée de l'incubation est beaucoup plus courte chez elles que chez les oiseaux coureurs. On comprend, en effet, qu'un petit poulet, qu'un perdreau, qui ont charge de se nourrir tout seuls en sortant de la coquille, doivent séjourner dans l'œuf plus longtemps que la jeune fauvette et le jeune moineau-franc, que leurs parents ont si grand plaisir à nourrir dans le nid, et qu'ils abecquent encore pendant des semaines entières après qu'ils l'ont quitté.

Parmi ces oiseaux, citons d'abord le bec-croisé, qui, pendant que la mère couve, la nourrit et cherche par ses chansons à la distraire de sa longue immobilité, car dès qu'elle a pondu son premier œuf, elle ne bouge plus de son nid ; puis le bouvreuil, qui n'est pas moins bon mari, puisqu'il a aussi le soin de nourrir la mère pendant les quinze jours que dure son incubation. De même aussi le verdier, le serin, le venturon, le linot; pendant que la femelle est sur les œufs, le mâle vient souvent la visiter, se percher sur un arbre voisin, et chante à gorge déployée.

Le père verdier a des sentiments de famille très-développés. Il se tient alternativement avec la mère sur les œufs, et souvent on le voit se jouer autour de l'arbre où est le nid, décrire en voltigeant plusieurs cercles dont le nid est le centre, s'élever par petits bonds, puis retomber comme sur lui-même en battant des ailes avec des mouvements et un ramage fort gais.

Le chardonneret, au temps de l'incubation, ose à peine s'éloigner de sa couveuse, il va lui chercher à manger dans le voisinage, et choisit pour la charmer la cime même de l'arbre où son nid est placé. Le pinson, qui n'est pas moins bon père, est plus rusé; il se garde bien de chanter sur l'arbre où est son nid; il va, au contraire, faire entendre ses chants à droite, à gauche, pour dépister les curieux. Néanmoins, il est toujours assez près pour que la mère l'entende. Tous ces oiseaux, si remarquables par leur tendresse maternelle, sont des percheurs à doigts libres et des granivores. Il en est d'autres qui se nourrissent spécialement de baies de fruits, et qu'on nomme pour cela baccivores. Ces oiseaux montrent également une très-grande tendresse maternelle et des sentiments pleins d'humanité. J'en veux prendre pour première preuve le récit de Samuel Reimard.

J'ai été témoin, dit-il, d'un spectacle que bien des naturalistes n'ont peut-être jamais eu le plaisir de se procurer et qui prouve la tendre sollicitude et le courage des oiseaux lorsqu'il s'agit de la conservation de leurs couvées. Je faisais travailler en Ardennes, à établir quelques percées dans un coteau solitaire, escarpé et hérissé de rochers et de broussailles, parmi lesquels il se trouvait quelques arbres. Au fond d'une espèce d'allée que j'avais déjà rendue praticable, deux rouges-gorges avaient leur nid dans une petite cavité d'un rocher, lequel était ombragé par un vieux chêne. La femelle eut bientôt achevé sa ponte qui consistait en cinq œufs; elle les couvait avec tant de constance et d'assiduité qu'il m'arrivait souvent, ainsi qu'à d'autres personnes à qui j'en donnais le plaisir, de la considérer de très-près et même de la toucher sans qu'elle fit le moindre mouvement pour se déranger.

J'avais pris ce nid sous ma protection, et la conservation des œufs m'était autant à cœur qu'aux rouges-gorges eux-mêmes; ce qui me faisait monter une exacte garde pour écarter les polissons qui venaient fureter dans ma solitude, qui pour lors n'était pas encore fermée. Un dimanche, jour favorable aux incursions des chercheurs de nids, avant que de prendre poste, je m'avançai sur la pointe des pieds jusqu'où le nid était placé pour y voir ma petite couveuse; mais quelle fut ma surprise, je ne la trouvai point, et je crus qu'elle avait abandonné ses œufs. J'osais déjà la traiter de marâtre, lorsque je vis voltiger le long du coteau une espèce d'oiseau de proie

Fig. 47. — Roitelet se défendant entre le coucou.

que je reconnus bientôt pour un coucou. Après avoir rôdé quelque temps, il vint se percher sur un arbre, au-dessus de l'allée et assez près de moi; ce fut alors que j'aperçus à travers les branches les deux rouges-gorges qui vraisemblablement avaient été occupés à observer la marche du coucou. Je commençai seulement à me rappeler que la femelle du coucou avait coutume de pondre son œuf dans le nid de quelques petits oiseaux, et je ne doutai plus que celle-ci ne cherchât à exécuter ce dessein. J'étais étonné que les rouges-gorges ne s'emparassent point de leur nid pour le défendre; mais je suis convaincu qu'ils ont, au contraire, l'instinct de s'en éloigner pour mieux en dérober la connaissance au coucou. Cependant, à mesure que celui-ci s'approchait du nid, les rouges-gorges suivaient tous ses mouvements en voltigeant autour de lui et en formant des sons de douleur très-différents de leur ramage ordinaire. Le coucou parvint à se percher sur une branche du chêne qui pendait à environ cinq pieds de terre et qui n'était pas éloignée du nid de plus de trois pieds; et tout à coup il s'éloigna vivement dans une cavité du rocher, laquelle était couverte de mousse; ce qui me fit voir qu'il n'avait pas de connaissance de l'endroit où le nid était placé. Revenu de sa méprise, le coucou se mit à voltiger de branches en branches, toujours suivi des rouges-gorges qui tâchaient de l'éloigner en le harcelant, mais il revint se percher sur la branche encore plus près du nid qu'il n'en avait été la première fois. Le danger était évident, et il n'y avait pas un moment à perdre pour sauver la couvée; aussi les deux rouges-gorges accoururent devant leur nid en redoublant de cris et livrèrent à leur ennemi un combat des plus singuliers. L'un s'élança sous les plumes de la queue du coucou, et lui donna successivement plus de trente coups de bec; pendant ce temps-là, le coucou, les ailes à demi-déployées et agitées par un trémoussement insensible, ouvrit le bec fort au large, et au point que l'autre rouge-gorge qui l'attaquait en front se jeta cinq à six fois dedans, de manière qu'on ne lui voyait plus la tête, et que le coucou aurait pu la lui croquer facilement; mais il ne paraissait pas en colère, et je jugeai qu'il était dans un état d'ivresse et de pâmoison causé sans doute par le pressant besoin de pondre. Enfin, attaqué de tous côtés, le coucou parut épuisé; il chancela, perdit l'équilibre et se laissa tomber le dos tourné vers la terre, le ventre en l'air, suspendu et accroché par les ongles à la branche sur laquelle il avait été perché : il avait les yeux à demi fermés, le bec toujours ouvert, et les ailes étendues, et les rouges-gorges ne cessaient de lui porter des coups de bec avec la plus grande vivacité. Je n'étais qu'à trois pas des combattants, observant très-attentivement le moindre mouvement, et je m'étais muni d'un râteau pour faire pencher la balance en faveur des rouges-gorges si le coucou m'avait paru avoir le dessus; mais quand je le vis dans une attitude aussi singulière, il me prit envie de l'empoigner, ce qui m'eût été très-facile; mais une personne qui était avec moi me pria de n'en rien faire, désirant, disait-elle, de voir l'issue d'une scène aussi rare. Je m'y prêtai, mais nous n'eûmes pas cette satisfaction, car le coucou, après être resté environ deux minutes suspendu à la branche, tomba presque jusqu'à terre, et, reprenant son vol, il alla se percher à peu de distance du champ de bataille. Il serait sans doute revenu faire de nouvelles tentatives, mais un orage affreux nous obligea d'aller chercher un abri dans une maison voisine.

« Pendant le combat, les cris des rouges-gorges n'attirèrent que quatre ou cinq mésanges et roitelets qui furent spectateurs et ne se mêlèrent point de la querelle. Il y a toute apparence que le coucou a perdu son œuf ou qu'il l'a pondu ailleurs; je ne l'ai plus revu les jours suivants, et le nombre des œufs du nid n'a point augmenté : les petits sont éclos et ont vécu longtemps en famille dans ma solitude. Si tous les instincts sont communs à tous les animaux d'une même espèce, il paraît difficile que le coucou puisse parvenir à déposer son œuf dans un nid étranger si bien défendu; et comment se peut-il que les petits oiseaux, dans le nid desquels on dit qu'il a coutume de pondre, ne connaissent pas un œuf étranger et ne le rejettent pas comme tel? Ils manifestent pourtant avec bien de l'évidence une connaissance plus étendue, lorsqu'ils devinent le projet du coucou, qu'ils ont la ruse de chercher à le dérouter et à l'éloigner de leur nid, et qu'ils le combattent avec un courage au-dessus de leurs forces. »

Ce trait bien connu des coucous les a fait accuser de manquer d'affection maternelle. Cependant le soin que la mère prend de confier son œuf à des insectivores qui puissent la suppléer dans ses fonctions, montre bien qu'elle n'est pas insensible au sort de sa progéniture. Elle l'abandonne, c'est vrai; mais avant de l'abandonner elle s'assure d'une nourrice. Et son instinct la porte à choisir (chose surprenante!) le nid d'un oiseau dont la nourriture convienne à ses goûts, à son régime alimentaire. Elle choisit, en outre, le nid d'une espèce d'oiseaux dont les jeunes soient plus petits que le sien, pour que le petit coucou soit un jour le maître de la couvée. C'est, en effet, dans le nid des rouges-gorges, des bergeronnettes et des moineaux que la femelle du coucou glisse le germe d'une naissance apocryphe.

La femelle du rossignol pond cinq à six œufs, lisses, à coquille mince, d'un brun olive. Dès que tous les œufs sont pondus, le père partage les soins de l'incubation; il relaye son épouse pendant quelques heures vers le milieu de la journée, et ne fait plus guère entendre sa voix que le jour. Alors il perche sur une branche voisine de celle qui porte son nid, un peu au-dessus de lui. Il distrait son épouse, la félicite et l'encourage par ce chant :

Dors, dors, dors, dors, dors, dors, ma douce amie,
Amie, amie,
Si belle et si chérie;
Dors en aimant,
Dors en couvant,
Ma belle amie,
Nos jolis enfants.

Nos jolis, jolis, jolis, jolis, jolis, jolis
Si jolis, si jolis, si jolis
Petits enfants.

LA PONTE ET LA COUVÉE.

Mon amie,
Ma belle amie,
A l'amour,
A l'amour ils doivent la vie ;
A tes soins ils devront le jour.
Dors, dors, dors, dors, dors, dors, ma douce amie,
Auprès de toi veille l'amour,
L'amour ;
Auprès de toi veille l'amour.

Au chant poétique du rossignol, je ne puis comparer que ces beaux vers de Lamartine :

Vois dans son nid la muette femelle
Du rossignol qui couvre ses deux œufs,
Comme l'amour lui fait enfler son aile
Pour que le froid ne tombe pas sur eux !

Son cou, que dresse un peu d'inquiétude
Surmonte seul la conque où dort son fruit,
Et son bel œil éteint de lassitude,
Clos de sommeil, se rouvre au moindre bruit.

Pour ses petits son souci la consume ;
Son blond duvet à ma voix a frémi ;
On voit son cœur palpiter sous sa plume
Et le nid tremble à son souffle endormi.

A ce doux soin quelle force l'enchaîne ?
Ah ! c'est le chant du mâle dans les bois,
Qui, suspendu sur la cime du chêne
Fait ruisseler les ondes de sa voix !

Oh ! l'entends-tu distiller goutte à goutte
Ses lents soupirs après ses vifs transports,
Puis de son arbre étourdissant la voûte,
Faire écumer ses cascades d'accords ?

A ce rameau qui l'attache lui-même ?
Et qui le fait s'épuiser de langueur ?
C'est que sa voix vibre dans ce qu'il aime
Et que son chant y tombe dans un cœur !

Dans ces accents sa femelle ravie
Veille attentive en oubliant le jour ;
La saison fuit, l'œuf éclot, et la vie
N'est que printemps, que musique et qu'amour !

Dieu de bonheur ! que cette vie est belle !
Ah ! dans mon sein je me sens aujourd'hui
Assez d'amour pour reposer comme elle
Et de transports pour chanter comme lui.

LES OISEAUX INSECTIVORES

Les oiseaux insectivores sont nombreux : nous connaissons en France plus spécialement le roitelet, le pouillot, le troglodyte, la riveraine, la mésange à longue queue, la remiz, la mésange à moustaches, le gobe-mouche, l'hirondelle, le martinet, l'engoulevent, qui sont généralement des artistes habiles à construire leur nid. Ce sont aussi de bons cœurs, dont l'instinct de sociabilité et de fraternité est très-développé, et qui montrent également un grand amour pour leur progéniture.

Les roitelets et les pouillots sont les plus petites espèces d'oiseaux de nos climats : ils sont natifs du Nord et durs au froid, quoique très-délicats en apparence ; ils n'arrivent dans nos contrées que vers la saison des brouillards, alors que la gelée sévit rudement dans leur pays natal. Ils passent toute la belle saison dans les cimes feuillues des sapins des forêts norvégiennes. Là ils aiment, ils nichent et ils chantent, mais ils sont si petits qu'on a été fort longtemps sans découvrir leur nid. Si l'on en croit l'histoire, ils n'établissent pas toujours leur nid dans les arbres. On rapporte qu'un jour saint Malo en travaillant à la terre se sentit accablé de chaleur. Il quitta son froc, le suspendit à la branche d'un chêne et reprit sa bêche. Un roitelet vint pondre un œuf dans son capuchon, le prit sans doute pour un trou à

Fig. 48. — Le nid de roitelet dans le capuchon de saint Malo.

nicher. Le solitaire en fut ravi, et il se mit en prière pour remercier Dieu. Il laissa son froc sur l'arbre, l'oiseau pondit six autres œufs à côté du premier, les couva, les fit éclore et éleva sa petite famille.

Cette manière de nicher dans le capuchon d'un froc est bien rare; il fallait sans doute que ce fût le froc d'un saint. Habituellement, le roitelet préfère le pin ou le sapin; il a deux couvées par an, l'une en mai, l'autre en juillet : la première est de huit à dix œufs, la seconde de six à neuf. La mère a construit seule le nid, le mâle l'a accompagnée sans l'aider, mais tous deux nourrissent leur progéniture, et cela n'est pas sans peine, car ils ne lui donnent que des insectes très-petits ou des œufs d'insectes.

Chez les pouillots, le mâle couve pendant le milieu du jour; la femelle le remplace tout le reste du temps, et elle couve avec une telle ardeur, qu'elle se laisse souvent presque écraser plutôt que de s'envoler.

N'est-ce pas à ces jolis et bons petits oiseaux qu'on pourrait appliquer ces vers si connus de Séguret :

> Dans tes chansons toujours joyeuses,
> Petit oiseau, que chantes-tu ?
> Je chante mes plumes soyeuses,
> Ma liberté, mon bois touffu,
> Je chante l'astre qui rayonne
> Et ma compagne et mes amours,
> Je chante le Dieu qui me donne
> Le grain de mil et les beaux jours

Dans des conditions normales, le troglodyte mignon niche deux fois par an : une première fois en avril, une seconde fois en juillet. Chaque couvée est de six à huit œufs. Les deux parents les couvent alternativement pendant treize jours.

Toussenel raconte qu'il a vu en 1854, à Paris, un couple de troglodytes capturés au bois de Meudon en avril, au moment où ils travaillaient à leur nid, reprendre dans la prison leur œuvre interrompue, et puis couver et amener à bien une superbe famille. J'ai reconnu là, dit-il, que le mâle de cette espèce était un petit tyran domestique, attentif à nourrir sa femelle pendant l'incubation, mais la rappelant énergiquement à ses devoirs de maternité, et la renvoyant vivement à ses œufs aussitôt qu'elle se permettait de les quitter pour prendre l'air.

Les fauvettes sont aussi des oiseaux chanteurs et sont de fidèles époux et de tendres parents. Pendant que la mère est occupée dans un buisson à construire son nid ou à couver ses œufs, le mâle se tient sur les arbres élevés du voisinage : il chante, il crie, il veille à ce qu'aucun rival n'approche.

Quiconque a voulu toucher aux œufs d'une mésange en train de couver, se rappellera toujours le sifflement aigu que la pauvre mère fait entendre.

Gerbe fait remarquer que le nid de la mésange à longue queue offre ceci de particulier qu'assez souvent, sur deux de ses faces opposées, sont pratiquées deux petites ouvertures qui se correspondent, de telle façon que la femelle ou le mâle puisse entrer dans le nid et en sortir sans être obligé de se retourner. Cette double ouverture est évidemment une prévoyance de l'amour maternel, afin que la queue soit à l'aise pendant l'incubation, et, ce qui le prouve, c'est qu'après l'éclosion, et lorsque les jeunes peuvent se passer de la chaleur maternelle, en d'autres termes, lorsqu'il n'y a plus de nécessité pour la mère ou pour le père de se tenir dans le nid, ceux-ci se hâtent de boucher l'une des deux ouvertures qu'ils avaient ménagées.

Fig. 49. — Nid de mésange à longue queue.

LES HIRONDELLES

Les hirondelles sont d'habiles constructeurs de nids, et en même temps des types de tendresse maternelle, des épouses modèles.

Les nids de l'hirondelle de fenêtre, où interviennent la main de l'architecte, l'art du maçon et du plafonneur, sont construits par les mâles comme par les femelles, et celles-ci emploient pour actionner à la besogne leurs collaborateurs l'appât des plus séduisantes promesses.

Au mois de mai, la femelle pond quatre ou six œufs; elle les couve seule, et la durée de l'incubation est de douze jours. Lorsque le temps est beau, le mâle apporte de la nourriture à sa femelle, mais lorsqu'il est mauvais, qu'il fait froid et humide, celle-ci est obligée de quitter ses œufs pendant plusieurs heures pour chercher de quoi manger. Dans ce cas, l'éclosion est retardée et les petits ne sortent quelquefois de la coquille qu'au bout de dix-sept jours.

Aussitôt les petits échappés du nid, la femelle fait une seconde ponte moins nombreuse que la première. C'est ordinairement au commencement d'août que cette seconde nichée a lieu. Souvent il arrive que cette dernière couvée retarde tellement les hirondelles, que le froid les surprend dans le Nord et qu'elles sont parfois obligées de l'abandonner.

LES PIEDS SOUDÉS

La ténacité avec laquelle le martin-pêcheur reste sur ses œufs ou sur ses petits dépourvus de plumes est vraiment remarquable. On peut frapper à coups redoublés et longtemps sur le bord, il ne sort pas; il reste tranquille, lors même qu'on travaille à agrandir l'entrée, et il ne quitte ses petits qu'au moment où l'on va le saisir.

Le mâle se tient à une distance de cent à trois cents pas de son nid; il y passe la nuit et une partie du jour.

Naumann dit que l'on trouve parfois jusqu'à onze œufs dans un seul nid. La femelle, couve seule pendant quatorze ou seize jours : le mâle lui apporte à manger des poissons et enlève les ordures du nid, travail que les deux époux accomplissent de concert, une fois que les petits sont éclos.

LES PETITS

L'oiseau sait-il que de l'œuf qu'il couve avec tant d'ardeur et d'amour sortira bientôt un petit être qui le reconnaîtra pour sa mère, qui lui demandera nourriture et abri sous son aile jusqu'au jour où, devenu grand, il sera assez fort pour subvenir lui-même à ses besoins? La poule est le type de l'amour pour les petits, l'avez-vous vue au moment de l'éclosion? Avez-vous remarqué comme elle guette le moindre bruit, le moindre mouvement que peut faire le jeune poulet dans son œuf? Le petit a déjà frappé à la porte, il veut sortir de cette chambre close de toutes parts, il veut voir sa mère, il a hâte de connaître celle qui l'a tenu si longtemps contre son cœur, qui lui a donné la chaleur, la vie. L'impatient! Le voilà de son petit bec frappant encore à la porte; la coquille serait trop dure pour ce frêle outil qui n'a pas servi. Heureusement que ce bec est armé d'une petite protubérance cornée dont il va faire usage pour essayer de sortir de sa prison. Il frotte, il pousse, il frappe à coups redoublés et toujours au même endroit, vers le milieu de la longueur de l'œuf. Et à force de volonté, de courage, de travail, un trou est fait au mur, un éclat a jailli. Ah! reposons-nous un peu. Reprenons haleine, et comme un mineur fatigué de sa position, le petit se retourne sur lui-même, il lève d'autres éclats et agrandit son cercle jusqu'à ce que la coque ouverte tout autour se sépare en deux et le laisse joyeux se précipiter sous sa mère.

Tous n'ont pas la même force ni le même courage, tous ne sont peut-être pas également animés du même désir de voir leur mère. Mais elle dont l'amour est toujours si plein de sollicitude, elle vient en aide au petit prisonnier; elle frappe au dehors, tandis que lui s'essaye au dedans. Enfin le voilà né, et ce n'est pas sans peine, car il faut de longs efforts à ce petit être pour arriver à la lumière. Il sort de sa coque comme les premières feuilles de leur bourgeon; il est encore tout fatigué de ses efforts, il est tout humide. Ses plumes sont mouillées, on dirait qu'il est nu. La mère le regarde, elle semble comprendre qu'il a encore besoin de sa chaleur; elle le retient sous son aile, le réchauffe, le sèche, le prépare à affronter les dangers de la vie. Déjà ses petits poumons se sont ouverts à l'air extérieur, sa respiration devient plus complète, se régularise, et ses organes sont prêts à remplir leurs fonctions. La mère enlève successivement les coquilles de son nid, et bientôt voilà tous les petits poussins éclos, secs, luisants, gentils à croquer, et qui ne demandent qu'à marcher. La mère est pleine d'émotion; elle voudrait déjà les voir s'ébattre devant elle, elle leur parle une langue qu'ils comprennent, car on les voit bientôt mettre le nez à l'air et s'échapper pour courir, trotter, et flageoler sur leurs petites jambes encore frêles. Elle les appelle par des gloussements qui expriment ses sensations, et dont on peut facilement saisir les différences. Non-seulement la poule parle à ses petits, mais elle fait semblant de manger pour leur apprendre plus vite à manger tout de bon. Puis elle brise les plus gros morceaux de ses aliments pour les distribuer à chacun de ces petits dévorants qui, aussitôt le ventre plein, viennent faire leur digestion bien chaudement sous l'aile de la mère. Ils apprennent aussi à boire, les uns par imitation, les autres par rencontre fortuite en tombant le bec dans l'eau. Voilà les petits poussins déjà grands. La mère est fière de sa couvée, elle ne cesse pas un instant de s'occuper de ses chers petits, elle n'existe que pour eux. Tantôt elle les conduit en les invitant à la suivre, tantôt elle s'arrête pour les recevoir sous ses ailes qu'elle entr'ouvre, les réchauffe sous ses plumes qu'elle hérisse ; elle souffre avec une douce satisfaction que les uns se jouent sur son dos et que les autres la becquettent. Elle se prête à tous leurs mouvements, auxquels elle paraît se plaire ; elle leur abandonne ou au moins elle leur partage la nourriture qu'elle a trouvée, elle leur distribue la plus délicate et ensuite celle qui l'est moins. Puis, si la pâtée ou les grains qu'on lui donne sont insuffisants, elle gratte la terre pour y chercher des vers dont ses petits sont si friands. Aussi comme elle fouille, comme elle crie avec tendresse, comme elle coupe les vers, les met en menus morceaux. Buffon dit avec raison qu'on juge bien que cette mère qui a montré tant d'ardeur à couver, qui a couvé avec tant d'assiduité, qui a soigné avec tant d'intérêt des embryons qui n'existaient point encore pour elle, ne se refroidit pas lorsque ses poussins sont éclos ; son attachement, fortifié par la vue de ces petits êtres qui lui doivent la naissance, s'accroit encore tous les jours par les nouveaux soins qu'exige leur faiblesse. Sans cesse occupée d'eux, elle ne cherche de la nourriture que pour eux ; elle les rappelle lorsqu'ils s'égarent, les met sous ses ailes à l'abri des intempéries, et les couve une seconde fois ; elle se livre à ces tendres soins avec tant d'ardeur et de souci que sa constitution en est sensiblement altérée. Il est facile de distinguer de toute autre poule une mère qui mène ses petits, soit à ses plumes hérissées et à ses ailes traînantes, soit au son enroué de sa voix et à ses différentes inflexions, toutes expressives et ayant toutes une forte empreinte de sollicitude et d'affections maternelles. Elle s'oublie elle-même pour conserver ses petits, elle s'expose à tout pour les défendre; paraît-il un épervier dans l'air, cette mère si faible, si timide, et qui, en toute autre circonstance, chercherait son salut dans la fuite, devient intrépide par tendresse; elle s'élance au-devant de la serre redoutable, et par ses cris redoublés, ses battements d'aile et son audace, elle en impose souvent à l'oiseau carnassier qui, rebuté d'une résistance imprévue, s'éloigne et va chercher une proie plus facile. On a vu deux poules se défendre courageusement contre une martre et succomber, mais après avoir crevé les yeux à leur agresseur. Celui-ci avait reçu de tels coups de bec qu'il put à peine se traîner encore quelques pas. Que de fois dans ma jeunesse, lorsque j'ai voulu chercher à prendre un petit poulet, la poule m'a sauté au visage et m'a forcé de battre en retraite devant son courage maternel.

Qui n'a pas vu, dit Toussenel, la poule, la dinde, la perdrix ou la caille défendre leurs petits, ne peut avoir qu'une médiocre idée de l'héroïsme. Il est inouï que dans une famille de bipèdes à plumes une mère ait abandonné volontairement ses petits.

Aussi les oiseaux n'ont-ils pas l'idée de mettre leurs petits en nourrice, et n'était la méchanceté des garnements, on ne compterait point de mortalité chez leurs nouveau-nés. C'est uniquement dans notre société que les mères ont la cruauté de se séparer de leurs enfants, de les confier aux soins d'une étrangère; seules nos mères consentent à voir celui qu'elles doivent nourrir arraché à leur sein, à leur cœur, pour être porté au loin pour boire le lait d'une inconnue. Il suffit d'observer l'amour maternel chez les animaux pour comprendre combien nous agissons en dehors des lois naturelles. C'est pourquoi nous avons pris pour type d'amour maternel la poule; elle n'est certes pas très-intelligente, mais c'est bien un des meilleurs cœurs de mère. Voyez aussi comme la nature vient

Fig. 50. — Poule apercevant un oiseau de proie.

en aide aux animaux. Les mères des gallinacés chargées d'une nombreuse famille n'auraient pu suffire à donner la becquée à tous les poussins ; aussi les petits ont-ils reçu un instinct qui leur fait presque aussitôt distinguer leur nourriture. Les mères des oiseaux de proie, devant nourrir leurs petits de chair vivante, sont plus fortes, plus grandes d'un tiers que les mâles, afin qu'elles puissent suffire à ce travail par leur vigueur ; d'ailleurs, elles n'ont guère au delà de deux petits ; elles leur apportent des lambeaux de chair et même de petits animaux vivants, pour les accoutumer de bonne heure à connaître les seuls objets qui puissent les nourrir. C'est ainsi que chaque oiseau, suivant l'ordre auquel il appartient, emploie toujours les mêmes aliments pour ses petits. Les passereaux remplissent leur jabot de grains ou de petits insectes, et les dégorgent, en partie macérés, dans le bec de leurs nourrissons.

Les petits des échassiers, à la sortie de l'œuf, sont bien plus débiles que les gallinacés ; aussi ne quittent-ils le nid que lorsqu'ils sont couverts de plumes. Tous les animaux, même ceux dont le naturel est le plus cruel, les oiseaux de proie, deviennent prévoyants et bons quand ils ont des petits. Le vautour et le hibou soignent avec le cœur d'une mère leur famille, sans les confier à des nourrices mercenaires. Le jeune cygne aime déjà essayer ses petits membres sur le bord d'un étang ; les père et mère applaudissent à ses efforts.

Ainsi tout aime dans la nature, et l'amour maternel est gravé en signes ineffaçables dans le cœur des oiseaux.

Néanmoins, parmi les oiseaux comme parmi nos mères, il en est qui ont un plus grand cœur, un amour de la famille plus sérieux, et, comme nous l'avons démontré à propos de la nidification et de l'incubation, c'est toujours chez les êtres qui ont des mœurs plus pures, qui ont horreur de la polygamie, qu'on trouve plus d'intelligence, plus d'amour pour nidifier et couver, et aussi plus de fidélité conjugale, plus de tendresse, plus de soins pour leurs petits. Nous allons maintenant étudier l'amour maternel dans les différentes classes d'oiseaux.

PALMIPÈDES.

Les palmipèdes, espèces primitives, brutes, grossières et gourmandes, lourdes de corps et d'esprit, polygames enfin, ne construisent que des nids grossiers et n'abecquent pas leur progéniture.

Les échassiers, ces patangeurs nés qui sont également polygames, n'ont pas non plus une très-grande tendresse pour leurs petits; ils se battent entre eux, et la mère seule les conduit à la pâture.

Mais parmi ces deux grandes classes d'oiseaux, nous avons encore de très-beaux exemples d'amour maternel.

Les pétrels sont monovipares et nourrissent pendant quelque temps leurs nouveau-nés dans le nid avec de l'huile de poisson qu'ils leur dégorgent dans le bec.

On a vanté un peu trop l'amour du pélican qui se déchire les flancs pour donner à manger à ses enfants. J'avoue que la première fois que j'ai vu cet oiseau, je n'ai rien trouvé en lui qui m'indiquât une nature distinguée. Son long bec fendu jusqu'en arrière des yeux, qui forme comme un long nez presque toujours baissé, lui donne un air niaisement triste. On dirait vraiment que ce pauvre animal a été condamné à porter comme un goître sous le menton et un éteignoir sur le visage. Avec ses larges pattes, ses courtes jambes, il marche lourdement, se dandinant avec peine de droite à gauche comme une vieille femme obèse. Sa voix inarticulée, semblable à celle d'un goutteux dont la langue est paralysée, a je ne sais quoi de caverneux; c'est un son guttural qui vient barbotter et s'assourdir dans la large poche qui pend au-dessous de sa mâchoire inférieure. Ajoutez à cette physionomie un front étroit et fuyant, un cerveau peu développé, un long cou qui tient la tête fort éloignée du cœur. Tout me portait à croire que le pélican avait une réputation imméritée. Les préjugés répandus à l'endroit de l'amour immodéré du pélican pour sa famille proviennent précisément de l'habitude qu'il a de tirer son poisson de son jabot pour le distribuer à ses petits. Ce que fait le pélican, le pigeon, le canari et le chardonneret le font tous les jours sous nos yeux. Seulement, le jabot du pélican est de plus grande dimension que celui des autres oiseaux ; mais comme celui du pigeon ou du chardonneret, ou comme la panse des ruminants, c'est un estomac préparatoire où l'animal prévoyant emmagasine ses aliments pour leur faire subir un ramollissement préalable, et les avoir sous le bec quand l'heure du repas ou de l'abecquement est venue.

Le cygne doit être, à juste titre, considéré comme le palmipède le plus dévoué à sa famille. La tendresse paternelle et maternelle de cet oiseau a droit d'être citée comme l'idéal du genre. Le père et la mère portent leurs petits sur leur dos dans leur première enfance, et leur ménagent un abri sûr et chaud sous le dôme élégant de leurs ailes. Cet oiseau est véritablement admirable à voir lorsque, voguant sur l'onde et en avant de sa jeune couvée, il porte au loin son œil investigateur, prêt à briser tous les obstacles qui pourraient se présenter, à combattre tous les animaux ennemis, tandis que la mère se tient à quelque distance, pour protéger l'arrière-garde. On a vu le cygne attaquer avec une égale fureur l'homme, le chien, le cheval, et attendre l'aigle de pied ferme, le bec en arrêt et tendu comme un ressort, et, le frappant d'estoc et de taille à la fois, l'étourdir promptement et finir par le chasser honteusement dans ses eaux. Le renard même n'ose pas approcher de sa progéniture. Une mère cygne ayant son nid au bord d'une rivière, aperçut un renard qui nageait vers elle de la rive opposée. Jugeant qu'elle se défendrait mieux dans son élément, elle se jette à l'eau et court à la rencontre de l'ennemi qui menace sa progéniture. Elle l'atteint, fond sur lui avec tant de fureur et le frappe d'une aile si vigoureuse que le renard meurt sur le coup au milieu de l'eau.

Fig. 51. — L'oie défendant ses petits.

L'oie n'est-elle pas aussi une excellente mère? Qui ne l'a vue, lorsqu'on veut toucher à ses petits, s'avancer fièrement le cou tendu, l'œil ouvert, le regard assuré, le bec béant, et comme la couleuvre, pousser un sifflement plein de colère et de menace, et ne pas craindre l'attaque des oiseaux de proie. Le mâle qui, à l'état sauvage, est monogame, conduit avec la mère sa jeune famille, menaçant par les inflexions de son cou et son sifflement tout ce qui lui paraît inquiétant, homme ou animal, et, au besoin, appuyant ses menaces du bec et de l'aile. C'est un véritable plaisir pour l'ami de la nature, dit Naumann, que d'assister bien caché, par une belle soirée du mois de mai, aux ébats d'une famille d'oies sauvages. Au coucher du soleil, elles apparaissent l'une ici, l'autre là, mais toutes en même temps, elles sortent des fourrés de roseaux, elles nagent, elles gagnent la rive : le père de famille redouble de vigilance ; il veille à la sécurité des siens. Quand la bande est arrivée au pâturage, c'est à peine s'il ose prendre le temps de manger ; quand il soupçonne quelque danger, il avertit sa famille par quelques cris ; si le danger est réel, il pousse un cri plaintif et prend la fuite. Dans ces cas, la mère se montre plus courageuse, plus soucieuse du salut de ses petits que du sien propre ; par ses cris d'angoisse répétés, elle les invite à fuir et à se cacher, et si l'eau n'est pas trop éloignée, à la gagner, à s'y précipiter et à y plonger. Ce n'est que quand ils sont à peu près en sûreté qu'elle se décide à se sauver à son tour. Mais jamais elle ne s'envole bien loin, et dès que le danger a disparu, elle est de nouveau là pour rassembler les siens. C'est aussi à ce moment que le père rejoint sa famille. La mère est avec ses petits dans les herbes déjà hautes.

Pendant les quatre semaines qui suivent l'éclosion, les parents sont continuellement en éveil, ils voient partout un danger auquel ils cherchent à soustraire leur progéniture ; mais parfois ils se trompent dans le choix des moyens de salut. Leurs allures sont pleines d'énigmes et de contradictions ; si les parents ne trouvent pas leurs jeunes en sûreté sur le petit étang isolé où ils sont nés, ils les conduisent généralement, au crépuscule le soir ou le matin, vers une pièce d'eau plus étendue. La crainte des parents pour leurs petits est telle que quand on veut en prendre un, la mère s'élance contre le ravisseur, le poursuit assez loin, puis elle revient pour rassembler tous ses petits épars et les entraîner dans l'endroit où elle avait l'intention de les cantonner.

A mesure que les jeunes grandissent, le père s'en inquiète moins. A l'époque de la mue, qui, chez le père, précède toujours d'une ou deux semaines celle de la mère, il quitte sa famille, et aussi longtemps qu'il ne peut voler, il se tient caché dans les roseaux. Lorsque la mère mue à son tour, tous les jeunes sont capables de voler et peuvent se passer de guide.

Les cygnopsis, les céréopsis, la fuligule, sont aussi des mères très-prévoyantes.

LES CANARDS SAUVAGES

Les canards sont également pleins de soins et de prévoyance pour leurs petits, lesquels, dit Élien, savent par un instinct naturel qu'ils ne peuvent se soutenir en l'air ni marcher sur la terre. C'est pourquoi ils s'élancent dans l'eau presque en sortant de leur coquille ; et dès lors ils ne rentrent plus au nid qu'ils ont quitté ; ils nagent autour du père et de la mère qui veillent sur eux et leur distribuent les vermisseaux, les insectes, les petits poissons, les herbes aquatiques qui semblent être leur première nourriture. Lorsque le nid se trouve placé à quelque distance des eaux ou sur un point élevé, les canards prennent leurs petits avec leur bec, les transportent un à un dans l'étang, et prennent de très-grandes précautions pour ne pas être aperçus. Chaque soir, la cane rassemble sa couvée et se retire avec elle sur quelque partie sèche du rivage où elle les réchauffe sous ses ailes. Elle manœuvre à peu près comme la perdrix pour les préserver du péril qui les menace ; elle va au devant du chien qui se montre en battant des ailes, en jetant de grands cris, ne prend son vol qu'au moment où il s'élance sur elle, et donne ainsi à sa jeune famille le temps de se blottir dans les herbes ou de gagner à la nage le rivage opposé.

L'amour des canards pour leur progéniture est, en effet, bien grand, car souvent leurs petits sont affreux; ainsi ceux du canard souchet naissent couverts d'un duvet tacheté, et avec un bec presque aussi large que leur corps, ils sont, au dire de Baillon, d'une laideur extrême, ce qui n'empêche point le père et la mère d'avoir pour eux autant de tendresse que s'ils étaient les Antinoüs du genre canard. Ils passent leur première jeunesse cachés dans les herbes, les joncs, les plantes aquatiques, et ce n'est qu'au moment où ils essayent leurs ailes qu'ils se montrent sur l'eau dans des endroits découverts. La mère emploie toute sa prudence, toute sa sollicitude pour les faire échapper aux regards de l'homme et de leurs autres ennemis, elle cherche à détourner l'attention sur elle-même. Si l'ennemi ne lui semble pas trop redoutable, elle l'attaque avec courage et réussit souvent à le mettre en fuite. Les jeunes, en revanche, lui témoignent beaucoup d'attachement, ils obéissent au moindre signal, se cachent dès qu'elle le leur ordonne et restent immobiles jusqu'à son retour.

Le canard eider n'a pas moins de sollicitude pour ses petits.

Audubon raconte que, plusieurs fois, il a vu deux mères s'attacher l'une à l'autre, sans doute pour assurer une protection plus efficace à leur chère couvée, et il est rare, en effet, qu'en face de cette alliance défensive, le goëland se hasarde à assaillir ces mères prudentes. Le tadorne vulgaire niche souvent dans des trous à une grande hauteur du sol. Naumann assure que dans cette circonstance, la mère prend ses petits avec son bec et les porte à terre l'un après l'autre.

Il semble que pour les canards, comme pour certains peuples, la civilisation ait des effets funestes; le canard sauvage n'est guère polygame, aussi surveille-t-il le nid pendant l'incubation comme le mâle de l'oie. Le tadorne environne sa couvée de soins attentifs, mais dans la basse-cour, les canards deviennent facilement polygames, et une fois livrés à la débauche, ils se préoccupent bien peu de leur famille; et cet animal peu bruyant, et qui fait peu parler de lui, devient le sujet de toutes les conversations. Alors les mères se mettent à cancaner hardiment contre lui, et il le mérite bien, car sa conduite est vraiment scandaleuse. La cane n'a pas d'autre passion que celle de sa famille, et quand ses canetons sont éclos, il ne fait pas bon s'approcher d'eux, elle se fâche et s'irrite, elle ne prétend pas que d'autres personnes s'occupent d'eux, même pour leur donner à manger.

Nous avons vu quelle est la tendre prévoyance du cygne et du canard sauvage, nous compléterons ce récit de l'amour maternel par quelques exemples empruntés aux longipennes, ainsi nommés à cause de leur vol puissant et étendu. C'est à cet ordre d'oiseaux essentiellement marins, qu'appartiennent les hirondelles de mer, les becs en ciseaux, les mouettes et goëlands, les labbes ou stercoraires, les pétrels, les albatros, etc.

Les sternes sont étrangères au grand mal de la civilisation, à l'égoïsme, elles montrent un vif attachement pour les individs de leur espèce; quand le plomb du chasseur a blessé l'une d'elles, toutes les autres l'entourent et ne l'abandonnent qu'après avoir reconnu qu'il n'y a plus d'espoir de la sauver. Les sternes défendent hardiment leurs petits contre les oiseaux de proie. La plupart des palmipèdes cherchent à échapper aux rapaces en plongeant; ce n'est pas ce que fait la sterne hirondelle; elle évite, au contraire, admirablement les attaques du faucon, et, à chaque attaque, elle s'élève davantage en l'air. Quelquefois elle se laisse tomber verticalement ou exécute brusquement quelques crochets hardis; en même temps, elle se rapproche de plus en plus des nuages jusqu'à ce qu'épuisé, l'oiseau de proie soit contraint d'abandonner la partie. Mais trop souvent, hélas! il ne se laisse pas entraîner par la mère; le gerfaut tombe directement sur les jeunes qu'il prend sans beaucoup de peine.

Les mouettes à capuchon et parmi elles les chroïcocéphales rieuses sont très-préoccupées des dangers qui peuvent menacer leurs petits. Tout oiseau de proie qui se montre au loin, héron ou corneille, donne l'alerte parmi les mouettes qui poussent des cris épouvantables et s'élancent en phalanges épaisses sur l'ennemi. Ces oiseaux attaquent bravement le chien ou le renard et cernent de très-près tout homme qui s'approche de leurs petits.

Les fous, le vaillant, les grèbes sont pleins d'attention et de prévoyance pour leurs petits.

A peine les petits des grèbes sont-ils nés que leurs parents les conduisent immédiatement à l'eau, ils nagent aussitôt et apprennent à plonger en peu de jours. Si un danger les menace, le père et la mère les prennent sous leurs ailes et disparaissent sous l'eau avec eux.

Brehm rapporte qu'un observateur digne de foi tua un de ces oiseaux dans les plumes duquel il trouva, à sa grande surprise, deux poussins enfouis. Les petits reviennent rarement dans leur nid pour se reposer; lorsqu'ils veulent le faire ou qu'ils éprouvent le besoin de dormir, le dos du père ou de la mère leur est une place plus commode. Un pareil siége serait pour eux d'un accès difficile si les parents n'usaient d'un stratagème : ils plongent puis reviennent à la surface, au point même où se trouvent leurs petits qu'ils reçoivent sur leur dos et soulèvent. Pour se décharger de leur fardeau lorsqu'il devient fatigant ou devant le péril, il leur suffit de plonger.

Jackel a fait des descriptions vraiment charmantes de l'amour des grèbes huppés pour leurs petits, il les a vus mettant toujours la nourriture devant eux et faisant en même temps leur éducation. Le père nage à plusieurs reprises devant ses petits tenant le poisson qu'il leur destine dans son bec, il plonge avec pour les engager à le suivre. Quand ils sont encore trop maladroits, il leur tend la nourriture de loin. Il les appelle avec de bruyants *quouy quouy;* ils viennent alors en ramant sur la surface et franchissent une assez grande distance, le meilleur nageur

Fig. 52. — Manchot, nourrissant son petit.

obtient le poisson pour récompense. Quand les oiseaux de proie veulent attaquer leurs petits ils les défendent avec beaucoup de courage. Naumann a vu une femelle sauter de l'eau à une certaine hauteur dans les airs en apercevant des corneilles et des oiseaux de proie, et les attaquer à grand coups de bec dans le but de les éloigner. Elle crie d'une voix lamentable, tandis que le père, à une petite distance, semble partager l'effroi de sa compagne et joint ses cris aux siens, mais sans avoir le courage de venir réellement à son secours.

Les lummes, les macareux défendent leurs petits avec le plus grand courage et leur témoignent la plus vive affection.

Nous terminerons ces exemples de l'amour maternel chez les palmipèdes en racontant d'après Fitzroi comment les manchots nourrissent leurs petits. Les parents se posent sur une petite éminence, poussent un petit cri qui tient le milieu entre un grognement et un couac, lèvent la tête en l'air, comme s'ils voulaient tenir un discours à toute la république ailée, les jeunes se posent autour d'eux ; et lorsque le vieux a caqueté pendant environ une minute, il baisse la tête, ouvre le bec aussi grand qu'il peut, le présente au petit qui y plonge le sien et y reste à becqueter pendant une ou deux minutes. Le caquetage recommence, le jeune est de nouveau nourri et ainsi de suite pendant une dizaine de minutes. Quand les petits ont atteint la moitié de leur grosseur, toute la famille se dirige vers la mer.

ÉCHASSIERS

Les échassiers s'élèvent déjà dans dans l'ordre moral, tous ne sont point polygames et nous avons dit que les hérons mâles sont des modèles de soumission conjugale, de constance et d'amour, et aussi d'excellents pères.

Cependant, dans ces derniers temps, M. le vicomte Louis de Dax a rapporté certains faits qui semblent infirmer la vieille réputation des hérons. Dès que le petit héron peut se soutenir, il a, comme on sait, la manie de se tenir debout sur le rebord de son nid; une secousse, une brindille qui casse, une fausse manœuvre lui font perdre l'équilibre qu'il a déjà grand' peine à conserver sur ses longues et faibles jambes, et s'il n'a pas la chance de retomber dans le nid, il est précipité au pied de l'arbre ou reste accroché dans l'enfourchure d'une branche et périt misérablement ou de faim ou de strangulation, car, dit M. Louis de Dax, le père et la mère n'ont pas l'instinct de leur venir en aide, ils les abandonnent à leur malheureux sort.

Fig. 55. — Héron cendré et héron garzette.

J'ai vu, ajoute-t-il, de petits hérons pris par une patte ou par le cou à quelques pieds seulement au-dessous du nid étendre leurs ailes, agiter leurs jambes, tandis que la femelle, qui n'avait qu'à allonger le bec pour les saisir, restait immobile et sans même avoir l'air de les apercevoir.

A part ces faits, qui prouvent sans doute plus contre l'intelligence que contre le cœur des hérons, tout le monde sait et M. de Dax est le premier à reconnaître, que, à peine les petits hérons sont éclos, le père et la mère se hâtent de courir au loin chercher leur nourriture journalière. Ils vont alternativement aux provisions nuit et jour, c'est dans la héronnière un va-et-vient continuel, un mouvement, une agitation qui redoublent aux heures habituelles du repas, c'est-à-dire entre sept et dix heures du matin.

Pendant le mois de mai, les petits grandissent à vue d'œil. Dès qu'ils peuvent se tenir sur leurs jambes, ils s'essayent tout de suite à grimper sur les bords du nid. Cet exercice de gymnastique, basé dès les premiers jours sur des habitudes de propreté, demande des prodiges d'équilibre; mais comme il se renouvelle très-fréquemment, il développe peu à peu les forces du héronneau, qui pendant de longues heures abandonne le nid et ne rentre au logis que pour déjeuner, dîner ou dormir. Alors le père reste sur une branche à côté d'eux, tandis que la mère va à la provende.

M. de Dax raconte la joie qui anime le nid des héronneaux quand le père ou la mère apporte à manger aux petits. Aussitôt chacun de s'accroupir, de se tasser pour ainsi dire dans le nid, de communiquer son bonheur à son frère par un roulement de sons inimitable. Le père alors s'abat sur une branche, descend sur les plus grosses, gravement, à pas comptés, jusqu'au nid, et il dégorge alternativement dans les trois becs béants de ses petits la nourriture qu'il avait engloutie dans son œsophage et conservée comme dans un magasin. Il leur apporte ainsi des poissons, des mulots, et même des couleuvres et des serpents.

La cigogne peut aussi être proposée comme modèle à toutes les mères; son amour pour ses petits atteint quelquefois jusqu'à l'héroïsme. En voici deux exemples touchants.

En 1536, un incendie se déclara dans la ville de Delft en Hollande. Une cigogne dont le nid se trouvait placé sur l'un des édifices en proie aux flammes, fit d'abord tous ses efforts pour sauver sa progéniture ; elle se laisse consumer avec ses enfants plutôt que de les abandonner.

En 1820, dans un autre incendie, celui de Kelbra en Russie, des cigognes menacées par le feu réussirent à préserver leur nid et leurs petits, en les arrosant sans relâche d'eau, qu'elles apportaient dans leur bec. Le dernier fait prouve jusqu'à quel point l'intelligence des animaux peut être excitée par l'amour maternel. Un fait reconnu de tous les naturalistes, c'est que jamais le père et la mère n'abandonnent ensemble le nid que quand leurs petits sont éclos.

Les blongios nains, les grues, les porphyrions ont donné maints témoignages de leur amour pour leur progéniture.

Les poules d'eau ordinaires qui couvent avec tant d'ardeur, ne montrent pas moins de tendresse pour leurs petits, qui au bout de quelques jours sont capables de chercher eux-mêmes leur nourriture ; les parents les conduisent, les avertissent des dangers et les protégent. Après quelques semaines ils se suffisent à eux-mêmes. Les parents se préparent alors à faire une seconde couvée.

Et quand les jeunes de la seconde ponte arrivent sur l'eau, ceux de la première, au dire de Naumann, accourent, les reçoivent avec amitié, leur prêtent secours, les guident. Grands et petits, jeunes et vieux, ces oiseaux ne font tous qu'un cœur et qu'une âme. Les aînées avec leurs parents se livrent à l'éducation de leurs jeunes sœurs : elles leur témoignent amour et sollicitude, leur cherchent des aliments et les déposent devant elles, tout comme les parents ont fait autrefois pour elles-mêmes. Le spectacle est des plus charmants quand toute la famille vaque sans crainte à ses occupations sur la surface d'un petit étang. Chacune des aînées est toute affairée à donner à manger à l'une de ses jeunes sœurs ; celles-ci suivent tantôt l'un de leurs parents, tantôt une de leurs sœurs; leurs piallements indiquent qu'elles ont faim, et elles acceptent à manger de celle qui leur apporte des aliments la première. D'ordinaire le nombre des jeunes de la seconde couvée est inférieur à celui de la première et les parents ne se lassant pas de leur

Fig. 54. — Cigogne et son petit.

venir en aide, il en résulte souvent qu'une poule d'eau de la seconde couvée a deux guides qui veillent sur elle et pourvoient à ses besoins. Elle nage entre les deux, en recevant à tour de rôle des caresses et des aliments. En cas de danger, ce sont encore celles de la première couvée qui avertissent les autres et les font cacher.

La dinde sauvage est le véritable type de l'amour maternel. Au moment de quitter son nid avec sa couvée vous la voyez nettoyer ses petits, prendre un air de satisfaction, allonger le cou, examiner tout ce qui l'entoure pour s'assurer qu'un oiseau de proie ou qu'un autre ennemi ne les menace pas ; alors elle avance de quelques pas, glousse doucement en ouvrant légèrement ses ailes pour retenir ses petits autour d'elle. La mère les conduit avec la même sollicitude que la poule mène ses poussins ; elle les réchauffe sous ses ailes avec la même affection ; elle les défend avec le même courage. Il semble que sa tendresse pour ses petits rende sa vue perçante ; elle découvre l'oiseau de proie à une distance prodigieuse, et lorsqu'il est encore invisible à tous les autres yeux. Dès qu'elle l'a aperçu, elle jette un cri d'effroi qui répand la consternation dans toute la couvée ; chaque dindonneau se réfugie dans les buissons ou se tapit dans l'herbe, et la mère les y retient en répétant le même cri d'effroi aussi longtemps que l'ennemi est à sa portée ; mais le voit-elle prendre son vol d'un autre côté, elle les en avertit aussitôt par un autre cri bien différent du premier et qui est pour tous le signal de sortir du lieu où ils se sont cachés et de se rassembler autour d'elle.

Ce n'est pas tout, la mère dans sa course cherche pour ses petits les parties les plus élevées du sol, car elle semble redouter l'humidité pour ses nourrissons encore faibles et protégés seulement par un léger duvet. Si la saison a été pluvieuse, les dindons sont rares, car presque tous les petits qui ont été mouillés meurent inévitablement. Pour atténuer les fâcheux effets de la pluie, la prévoyante mère arrache les bourgeons des plantes aromatiques et les fait manger à ses petits. Quinze jours suffisent pour que ceux-ci, quoique en restant à terre, soient assez forts pour gagner, lorsque vient la nuit, les grosses branches des arbres. Là, divisés en deux bandes, ils se placent sous les ailes de la mère.

Les mœurs des dindons domestiques sont restées sensiblement les mêmes que celles du dindon sauvage, et l'amour de la dinde pour ses petits est toujours aussi vif. Les pères dindons qui ne sont pas généralement d'un caractère fort doux, n'aiment pas qu'on plaisante autour d'eux. Tous les enfants des fermes ont pu s'en convaincre.

Fig. 55. — Dinde réchauffant ses petits sous son aile.

Tout le monde connaît la querelle qu'eut Boileau enfant avec un dindon, querelle dans laquelle le futur auteur des satires n'eut pas le dessus.

La famille des tétras nous offre aussi d'excellents exemples d'amour maternel. Ce n'est pas cependant que ces oiseaux soient plus intelligents que les autres gallinacés, mais ils sont moins privés, et plus près de la nature. Les uns vivent en polygamie, d'autres en monogamie, leur amour maternel n'en est pas moins toujours très-vif. Ils prodiguent à leurs petits les plus tendres soins et se dévouent pour leur sauver la vie.

Geyer raconte qu'après l'éclosion, les jeunes tétras urogalles courent presque aussitôt : il leur suffit de quelques heures pour se sécher. Leur mère les conduit avec une tendresse incroyable. Il est touchant de voir avec quels cris elle annonce l'homme qui arrive près de sa jeune bande. En un instant tous les petits ont disparu, et ils savent si bien se cacher qu'il est difficile d'en apercevoir un seul. La couleur de leur livrée sert surtout à les rendre invisibles. Ils sont moins heureux quand un renard à l'odorat subtil les surprend. La mère court à trois ou quatre pas au-devant de lui et va voletant comme si elle était paralysée. Parvient-elle par ce stratagème à éloigner le renard de l'endroit où sont les jeunes? elle s'élève subitement dans l'air et revient vers sa progéniture ; ses cris indiquent que tout danger est passé et aussitôt les petits d'accourir. Ceux-ci croissent très-rapidement. Ils se nourrissent presque exclusivement d'insectes. Leur mère les conduit dans des endroits favorables, creuse le sol, les appel par son cri *back, back*, leur met sur le bec une mouche, une larve, une chenille, un ver de terre, une limace et leur apprend ainsi à manger. Ils sont très-friands de larves de fourmis ; aussi la mère va-t-elle souvent avec eux sur la lisière des bois à la recherche des fourmilières. En trouve-t-elle une, elle la fouille jusqu'à ce que les larves soient à découvert et toute la petite famille de se repaître de ce mets pour elle si délicieux. Peu à peu les jeunes mangent les mêmes substances que la mère. Au bout de quelques semaines, ils ont des plumes assez grandes pour voleter et se percher, mais ce n'est qu'assez tard que leur plumage devient complet.

Vers la fin de l'automne, la petite famille se sépare ;

les jeunes femelles restent avec leur mère, les jeunes mâles errent en communauté ; mais déjà ils font entendre leur voix, se battent quelquefois, et au printemps ils mènent tout à fait la vie des adultes.

Les gélinottes mâles qui sont monogames prennent part à l'éducation des petits. La mère les garde dans le nid après leur naissance jusqu'à ce qu'ils soient secs, et quand un ennemi s'approche de son nid qui est toujours

Fig. 56. — Colin de la Californie.

dissimulé, elle ne s'en va pas en volant mais elle se glisse silencieusement. Ses petits apprennent rapidement à voler, et dès qu'ils le peuvent, au lieu de passer la nuit sous les ailes de leur mère, ils vont se percher à côté d'elle, sur une branche d'arbre. A ce moment le père dirige la famille ; jusqu'en automne il vit dans la plus parfaite union avec elle.

Que d'autres exemples encore à citer parmi les gallinacés ! Les femelles du lagopède blanc ou Lagopède des Alpes, sont des mères aussi dévouées que les poules, et s'offrent à l'ennemi plutôt que de laisser prendre leurs petits. Mais peu d'oiseaux nous offrent un plus magnifique tableau de famille, que les colins de Virginie. Le père et la mère couvent leurs œufs et tous deux se consacrent à l'éducation de leurs petits.

Brehm raconte qu'il a vu de petits colins naître en captivité, et dès le premier jour, le père leur témoignait autant d'attachement que la mère. Quand ils sont au repos les deux parents se couchent côte à côte, mais la tête en sens opposé et ils gardent leurs petits sous leurs ailes.

Quand la famille va dans la campagne, le père marche le premier servant de guide : la mère le suit à quelque distance avec les petits. Le père s'avance majestueusement, tournant sans cesse la tête à droite et à gauche. Chaque oiseau qu'il aperçoit est pour lui un sujet de crainte, mais son courage est à la hauteur de sa vigilance ; pour rendre le passage libre, il s'élance sur tout ce qu'il croit être un ennemi, et si le danger menace, il n'hésite pas à exposer sa vie pour donner à la mère le temps de mettre ses petits en sûreté.

Nous ne reviendrons pas sur ce que nous avons dit de la poule, qui est bien de tous les gallinacés la plus tendre et la plus courageuse des mères. Cependant nous ne quitterons pas cette intéressante famille sans parler de la caille et de la perdrix.

Dans la famille des cailles, le père s'occupe fort peu de sa progéniture, c'est à la mère seule qu'incombe le poids de l'éducation. Les jeunes cailles courent au sortir de l'œuf ; elles sont plus robustes que les petits des perdrix et peuvent se passer beaucoup plus tôt des soins de leur mère qui se sépare d'eux aussitôt qu'ils sont assez grands pour voler de leurs propres ailes.

Au demeurant la caille est une bonne mère, adoptant souvent des orphelins qui, de leur côté, aussitôt qu'ils sont devenus assez forts pour se suffire à eux-mêmes, se séparent sans regret de celle qui les a élevés.

Fig. 57. — Perdrix veillant sur leurs petits.

L'amour de la perdrix est connu depuis longtemps. Pline raconte que si un oiseleur s'approche de son nid, la mère se présente à ses pieds, feignant d'être accablée ou éreintée ; après avoir couru ou volé quelques pas, elle tombe tout à coup comme si elle avait les pattes ou l'aile cassées, puis se remet à fuir, s'échappant du chasseur qui croit la saisir et trompant son espérance jusqu'à ce qu'elle l'ait éloigné de sa couvée. Lorsqu'elle est délivrée de toute crainte et que la tendresse maternelle est rassurée, elle se couche à la renverse dans un sillon et se couvre d'une motte de terre qu'elle tient dans ses pattes.

Pline qui admire la tendresse maternelle des perdrix affirme que leur ardeur du plaisir est plus vive encore et qu'elles abandonnent leur couvée pour y satisfaire. Nous n'avons jamais eu l'occasion de constater ce fait, mais nous le croyons fort contestable. Tout est conséquent dans la nature, et ce qui dénote bien l'amour des perdrix pour leur progéniture, c'est qu'elles ne vivent pas en polygamie, elles se marient. Le mâle une fois apparié reste fidèle à sa compagne et se tient tapi près d'elle sous la verdure tout le temps que dure l'incubation, et s'il n'a point pris part au soin de couver les œufs, il partage, dit Buffon, avec la mère, celui d'élever les petits ; ils les mènent en commun, les appellent sans cesse, leur montrent la nourriture qui leur convient et leur apprennent à se la procurer en grattant la terre avec leurs ongles.

Il n'est pas rare de les trouver accroupis l'un à côté de l'autre et couvrant de leurs ailes leurs petits poussins dont les têtes sortent de tous côtés avec des yeux fort vifs ; dans ce cas, le père et la mère se déterminent difficilement à partir, et un chasseur qui aime la conservation du gibier se détermine encore plus difficilement à les troubler dans une fonction si intéressante : mais enfin si un chien s'emporte et qu'il les approche de trop près, c'est toujours le mâle qui part le premier en poussant des cris particuliers, réservés pour cette seule circonstance : il ne manque guère de se poser à trente ou quarante pas ; et on en a vu plusieurs fois revenir sur le chien en battant des ailes et se précipiter sur lui, tant l'amour paternel inspire de courage aux animaux les plus timides !

Quelquefois il inspire encore à ceux-ci une sorte de prudence et des moyens combinés pour sauver leur couvée : on a vu le mâle, après s'être présenté, prendre la fuite, mais fuir pesamment et en traînant l'aile comme pour attirer l'ennemi par l'espérance d'une proie facile et fuyant toujours assez pour n'être point pris, mais pas assez pour décourager le chasseur; il l'écarte de plus en plus de la couvée : d'autre côté, la femelle, qui part un instant après le mâle s'éloigne beaucoup plus et toujours dans une autre direction; à peine s'est-elle abattue, qu'elle revient sur-le-champ en courant le long des sillons, et s'approche de ses petits, qui se sont blottis, chacun de son côté, dans les herbes et dans les feuilles; elle les rassemble promptement, et avant que le chien qui s'est emporté après le mâle ait eu le temps de revenir, elle les a déjà emmenés fort loin, sans que le chasseur ait entendu le moindre bruit.

Est-il un plus admirable tableau de la prévoyance et de l'amour maternel ?

LES COLOMBIENS

Les colombiens ont l'esprit de famille beaucoup plus développé que tous les oiseaux que nous venons de faire connaître. Les pères s'occupent de leur progéniture autant que les mères; ils couvent, ils abecquent leurs petits et les entourent des soins les plus assidus, et ils ont avec l'amour de la famille celui du sol natal, toutes qualités qui les distinguent des gallinacés, qui couvent et font éclore leurs petits sans que les mâles y prennent part.

Ajoutez à cela que les pigeons sont essentiellement monogames, et que malgré les tentatives qu'on a faites pour les contraindre de vivre en polygamie, ils sont toujours revenus, quand on les a laissés libres, à la simplicité primitive de leurs mœurs.

Fig. 58. — Pigeon biset.

Il y a je ne sais quoi de charmant et de tendre dans les soins des pigeons pour leurs petits. Tour à tour le père et la mère couvent et réchauffent avec précaution sous leurs ailes les pigeonneaux qui naissent aveugles et incapables de choisir leur nourriture. On a discuté sur la nature du premier aliment qu'ils reçoivent, ainsi que sur le mode d'abecquement.

Certains naturalistes ont dit que ce premier aliment est une sorte de laitage extrait des graines dont les pigeons se nourrissent, et qui ressemble à du lait caillé. Pendant les huit premiers jours, le père et la mère le dégorgent dans le bec ouvert des pigeonneaux. D'autres prétendent, au contraire, que les pigeons ont une manière toute particulière de donner la becquée à leurs petits; ces derniers, au lieu d'ouvrir largement le bec, ainsi que le font presque toujours les jeunes oiseaux élevés dans un nid, afin de recevoir leur nourriture, l'introduisent en entier dans celui de leurs parents, et l'y tiennent légèrement entr'ouvert; de cette façon, ils saisissent les matières à moitié digérées que les nourriciers, par un mouvement convulsif qui semble pénible, chassent de leur jabot; cette opération est toujours accompagnée d'un tremblement rapide des ailes et du corps.

M. J. Pelletan, qui a écrit un ouvrage sur les pigeons, dindons, oies et canards, affirme qu'il en est ainsi, et j'ai tout lieu de le croire.

M. Charles Lévêque, dans ses *Harmonies providentielles*, s'appuyant sur l'autorité de M. Claude Bernard, le grand physiologiste, pour prouver les harmonies de famille, dit : « Les pigeons, qui l'eût soupçonné? ont une certaine faculté d'allaiter leurs petits. Je dis allaiter, car c'est du lait qu'ils leur donnent au début. C'est une belle observation de Hunter que chez le pigeon mâle aussi bien que chez la femelle, il se développe dans le jabot, au moment de l'éclosion des petits, et pas plus tôt, une sécrétion semblable à celle du lait caillé. Cette sécrétion commence quatre jours avant que le petit sorte de l'œuf; elle dure autant de jours après. Au moment précis, il se forme un organe, une glande, analogue à une surface de mamelle, sur la muqueuse intérieure du jabot. Les pigeons père et mère, nourrices l'un et l'autre, ingurgitent le lait de cette mamelle à leurs petits naissants. Les parents sont constitués si habilement qu'ils peuvent avaler les graines dont ils se nourrissent sans consommer eux-mêmes le lait qui n'appartient qu'aux jeunes. Quatre jours après l'éclosion, le petit étant capable de recevoir une pâture plus forte, la sécrétion de ce lait cesse et la mamelle disparaît dans le jabot des parents. »

Je n'ai pas encore pu vérifier si dans le jabot des parents il se développe véritablement des glandes spéciales au moment de l'éclosion des petits, et si ces glandes secrètent une sorte de matière caséiforme qui doit leur servir de nourriture ; mais ce que j'ai bien vu sur des petits qui avaient trois jours, c'est que ce sont eux qui mettent leur bec dans celui de leurs parents et l'enfoncent aussi loin qu'ils peuvent pour trouver leur nourriture ; c'est qu'à ce moment les parents font des efforts de déglutition. Ce qui est également certain, c'est que la nourriture des premiers jours est spéciale. Tous les éleveurs de pigeons vous diront que si vous mettez dans un nid des œufs pondus après ceux des pigeons auxquels vous les donnez à couver, les pigeons les couveront, les petits écloront après, mais plus tard. Et les parents adoptifs ne pouvant leur donner la nourriture qui leur convient à cet âge, les pauvres malheureux seront obligés de mourir de faim. On a quelquefois accusé la tendresse des pigeons pour leurs petits ; on a dit que certains ne voulaient pas nourrir leur progéniture, mais qui sait si ces malheureux parents n'étaient pas dans l'impossibilité de le faire, si au moment de la naissance de leurs petits les glandes qui doivent sécréter la nourriture n'avaient pas manqué à se développer.

LES PASSEREAUX

Les passereaux forment une nombreuse tribu d'oiseaux dont l'amour maternel nous a été déjà révélé par leur soin à construire leur nid. Qui ne connaît la tendre sollicitude du chardonneret, des linots, des pinsons, du verdier, du bouvreuil, des serins et de tant d'autres percheurs, pères et mères au cœur plein de tendresse, qui nous enseignent à nourrir, à aimer, à diriger nos enfants. Quand le matin je m'éveille, que déjà il fait grand jour, que tous les oiseaux depuis des heures sont déjà à travailler pour leurs petits, à chercher leur nourriture, je me reproche mon trop long sommeil et mon insouciance. Je me demande si nous aimons autant nos enfants que les oiseaux leurs petits. Comme ils leur sont dévoués, comme ils travaillent pour eux ; ils ne perdent pas une minute, ils sont constamment en quête de nourriture. Ils ne se contentent pas de l'apporter telle qu'ils l'ont trouvée à leurs petits, ils lui font subir une sorte de digestion dans le laboratoire du jabot. Ainsi les petits des becs croisés sont nourris par leurs parents de graines de pin ou de sapin préalablement ramollies les premiers jours et à moitié digérées dans le jabot. Ils croissent rapidement, se montrent de bonne heure vifs et actifs ; mais plus que les autres passereaux ils ont longtemps besoin de l'aide de leurs parents. Ce n'est que lorsqu'ils sont déjà sortis du nid que leur bec se croise, et jusque-là ils ne sont pas en état d'ouvrir eux-mêmes les pommes de pin. Lorsqu'ils ont abandonné le nid, ils se tiennent sur des arbres épais, principalement sur des sapins, et toujours près de leurs parents. Lorsque ceux-ci recueillent les graines, ils sont à leurs côtés, criant sans cesse comme de méchants enfants ; lorsqu'ils quittent l'arbre, ils les suivent ou les appellent d'une voix plaintive jusqu'à ce qu'ils reviennent. Peu à peu ils apprennent à se nourrir eux-mêmes. D'abord les parents leur présentent des cônes à moitié ouverts pour qu'ils s'exercent à enlever les écailles ; plus tard ils apprennent à attaquer les cônes intacts. Même quand ils peuvent se nourrir eux-mêmes, les parents leur donnent encore à manger.

Qui n'a pas vu à la campagne les verdiers établir leur nid dans les haies et apporter la becquée à leurs petits; ce sont toujours des aliments en rapport avec la force de l'estomac des nouveau-nés; ils leur donnent d'abord des graines dépouillées de leur enveloppe et ramollies dans leur jabot; plus tard, ce sont des graines entières. Et comme ces oiseaux ont deux couvées, aussitôt que leurs petits ont pris leur essor ils les abandonnent à eux-mêmes pour penser à ceux qui vont venir. Au dire de Toussenel, le verdier prend la plus lourde part de l'éducation de la famille, se chargeant de distribuer aux nouveau-nés la nourriture de l'esprit après celle du corps.

Il est inutile de décrire l'amour des serins pour leur progéniture. Tout le monde a pu observer la tendre sollicitude de ces charmants oiseaux qui sont devenus les hôtes familiers de nos maisons, toujours gais, toujours chantant, si bons maris, si bons pères, surtout d'un caractère si doux, d'un naturel si heureux qu'ils sont susceptibles de toutes les bonnes impressions, et doués des meilleures inclinations. On leur a cependant reproché de casser les œufs de leurs nids et de tuer leurs petits. Je déclare n'avoir jamais été témoin d'un pareil crime, et je suis sûr que personne n'a pu voir des serins vivant à l'état de liberté se rendre coupable d'un tel forfait. Toussenel ne tarit pas sur leur mérite; il ne leur reproche qu'un innocent badinage. Les pères, selon lui, ont un grand bonheur à jouer à l'enfant, c'est-à-dire à se fourrer dans le nid à côté de leur progéniture, puis à ouvrir le bec et à battre des ailes pour se faire donner la becquée.

Quant aux chardonnerets on peut dire que leur amour, leur langage ressemble à leur plumage, ce sont les plus charmants et les meilleurs petits êtres que je connaisse. De tous les oiseaux pris avec leurs petits et mis en cage, les chardonnerets sont à peu près les seuls chez lesquels la captivité ne détruit pas l'amour maternel. On les voit même nourrir leurs petits à travers les barreaux d'une cage. Le docteur Franklin raconte que des chardonnerets avaient construit leur nid sur une branche qui était trop grêle pour lui servir de soutien. Lorsque la couvée fut éclose les parents s'aperçurent que le poids de la famille croissante était trop considérable pour la branche. Cette dernière allait céder, mais l'amour des parents pour leur progéniture sut pourvoir à la nécessité. Ils enlacèrent

Fig. 59. — Chardonnerets consolidant leur nid.

dans la branche où nichait leur famille une branche plus forte et lui sauvèrent ainsi la vie.

C'est toujours avec un grand sentiment de tristesse que j'ai vu la linotte en cage. Cette charmante petite créature à l'œil vif, aux pieds mignons, dont les manières sont si distinguées, n'est pas faite pour vivre sur des bâtons. Votre cage pour elle n'est qu'un grossier poulailler où elle jaunit et perd ses vives couleurs. J'ai rencontré quelquefois à la campagne, dans des maisons de paysans, de jeune mères de famille aux formes sveltes et gracieuses, qui n'étaient point créées pour le milieu qu'elles habitaient : on sentait qu'elles souffraient dans la servitude, elles avaient perdu aussi leurs belles couleurs ; je les ai comparées aux linottes, douces de mœurs, caressantes, intelligentes, dociles et fidèles à leurs affections. Brehm nous a transmis une observation pleine d'intérêt sur les soins que les linots ne cessent d'avoir pour leurs petits.

Ils leur apportaient à manger toutes les douze ou seize minutes ; ils arrivaient ensemble, se perchaient sur un pommier voisin, poussaient de petits cris d'appel et se dirigeaient ensuite vers le nid qu'ils abordaient toujours par le même côté. Chaque petit recevait dans son bec sa part de nourriture. Le mâle était toujours le premier à distribuer la becquée, puis il attendait que la femelle eût fini de remplir à son tour le rôle de nourrice, et alors tous deux s'en allaient en poussant leur cri d'appel. Une seule fois la femelle vint sans le mâle, une seule fois elle donna à manger à ses petits avant lui.

Avant de quitter le nid, la femelle en enlevait toutes les fientes ; elle ne les jetait pas à terre ; elle les avalait et allait les regurgiter plus loin. Le mâle ne partageait pas ces soins de propreté ; une seule fois, je le vis, dit Brehm, emporter des ordures. La linotte agit ainsi pour que les excréments ne trahissent pas la place du nid ; d'autres oiseaux se comportent de même.

Les jeunes, partis du nid, restèrent encore longtemps unis avec leurs parents qui les guidaient et les nourrissaient.

Le moineau est dans le monde des oiseaux ce qu'est l'âne parmi les quadrupèdes, c'est un souffre-douleur. Les enfants, cet âge est sans pitié, n'ont pour lui aucun égard parce qu'il est de la maison ; on ne le respecte pas, on veut bien lui donner à manger, bourrer son bec toujours ouvert, au besoin le faire mourir d'indigestion, mais auparavant, il aura les ailes coupées, de plus on lui attachera fil à la patte, et, ainsi mutilé et enchaîné, il faudra qu'il vole et qu'il chante. Ses chants, hélas ! sont des cris que la douleur et la perte de sa liberté arrachent à son cœur captif qui pressent sa fin prochaine. Telle est souvent la destinée du moineau qui n'est pas, nous le savons, un grand seigneur, un monsieur à prétention, mais c'est un bon cœur, un paysan honnête, laborieux, rusé et, au demeurant, un

Fig. 60. — Moineau franc.

excellent père de famille. Il ne met pas à faire son nid l'art du pinson ni du chardonneret ; il procède comme les gens de la campagne ; il se construit une paillasse énorme, mais aussi un volumineux lit de plumes sur lequel reposent mollement ses petits dont il a le plus grand soin, je puis vous l'affirmer, moi qui passe presque toute ma vie au milieu de moineaux qui logent librement et sûrement sous mon toit.

Ces passereaux ont une activité sans égale ; ils s'aiment avec ardeur, se battent entre rivaux, se roulent dans la poussière ; ils mettent à construire leur nid un courage au-dessus de leurs forces. Je les vois entreprendre de porter des masses de chanvre ou de laine qu'ils sont obligés de laisser aux arbres pour les diviser, les rendre plus faciles à monter. Quand le nid est construit les œufs pondus, les petits éclos, ils sont d'une gaieté folle. Il faut les entendre le matin saluer le lever du soleil ; ce sont des roulements de voix comme des roulements de tambour, interrompus par des battements saccadés, la joie est générale, les voix sont fortes et vibrantes et, malgré le peu d'harmonie de leurs chants, on sent que ces pères et mères sont heureux, qu'ils veulent faire savoir leur bonheur d'avoir des petits à nourrir et à aimer. Cet amour pour la famille est tel que, si vous détruisez leur nid, en vingt-quatre heures ils en construisent un autre ; si vous jetez leurs œufs, ils en pondent de nouveaux. Rien ne saurait les empêcher de nidifier, de créer leur famille.

L'ALOUETTE

Quand au mois de mai je me promène à travers cette savane de verdure, ces champs bénis de la Beauce, que jeune j'ai tant de fois parcourus avec mon père, je suis heureux d'entendre le chant doux et modulé de ce chantre bien-aimé de nos moissons. Que nous l'écoutions alors avec plaisir quand il montait à perte de vue dans les cieux, chantant, chantant toujours, puis descendant par sa route d'amour droit à son nid où il reposait son cœur près de ses chers petits ! Puis il reprenait haleine pour remonter encore babiller sa joie dans les airs et conter aux vents ses amours. En effet l'alouette semble vouloir dédommager ses ailes de l'inaction à laquelle les soins de l'incubation l'ont condamnée, et se rassasier de l'espace en attendant qu'elle en soit encore sevrée, car elle fait jusqu'à trois couvées par an : c'est du haut des airs qu'elle veille sur sa progéniture dispersée, elle la suit de l'œil avec une sollicitude vraiment maternelle, dirigeant tous ses mouvements, pourvoyant à tous ses besoins, veillant à tous ses dangers.

L'instinct, dit Buffon, qui porte les alouettes femelles à élever, à soigner ainsi une couvée, se déclare quelquefois de très-bonne heure et même avant celui qui les dispose à devenir mères et qui dans l'ordre de la nature, devrait, ce semble, précéder. On m'avait apporté dans le mois de mai une jeune alouette qui ne mangeait pas encore seule. Je la fis élever, et elle était à peine sevrée lorsqu'on m'apporta d'un autre endroit une couvée de trois ou quatre petits de la même espèce ; elle se prit d'une affection singulière pour ces nouveau-venus, qui n'étaient pas beaucoup plus jeunes qu'elle ; elle les soignait nuit et jour, les réchauffait sous ses ailes, leur enfonçait la nourriture dans la gorge avec le bec : rien n'était capable de la détourner de ces intéressantes fonctions : si on l'arrachait de dessus ses petits, elle revolait à eux dès qu'elle était libre, sans jamais songer à prendre sa volée, comme elle l'aurait pu cent fois. Son affection ne faisant que croître, elle en oublia, à la lettre, le boire et le manger ; elle ne vivait plus que de la becquée qu'on lui donnait en même temps qu'à ses petits adoptifs, et elle mourut enfin consumée par cette espèce de passion maternelle. Aucun de ses petits ne lui survécut ; ils moururent tous les uns après les autres, tant ses soins étaient devenus nécessaires, tant ces mêmes soins étaient non-seulement affectionnés mais bien entendus. Ce fait est caractéristique en ce qu'il démontre que la nature a plus largement réparti les facultés de la tendresse maternelle aux oiseaux qui plusieurs fois dans l'année doivent se livrer aux soins de la reproduction qu'à ceux qui n'ont qu'une seule couvée à élever.

LES BACCIVORES

Les oiseaux qui se rapprochent le plus des alouettes sont les farlouses que beaucoup d'ornithologistes ont rangés dans la même famille. Temmynck prétend que les farlouses sont exclusivement insectivorés. Toussenel affirme qu'elles sont baccivores et même granivores à leurs heures; du reste, le nom de becfigue et de vinette donné à différentes espèces de farlouses prouvent cette assertion; c'est pourquoi l'auteur du *Monde des oiseaux* a mis les farlouses à la tête des baccivores; du reste, leur bec n'est plus, comme celui de l'alouette, droit, fort et conique; il est grêle, cylindrique et légèrement arqué avec une petite échancrure à la mandibule supérieure. On range parmi les farlouses différentes espèces de pipis qui témoignent tous le plus vif amour pour leurs petits.

Les pipis sont souvent accompagnés dans leurs promenades par les bergeronnettes, petites bergères amies des troupeaux, excellentes mères, qui apportent à leurs petits de la nourriture en abondance, leur témoignent beaucoup de tendresse et restent encore avec eux quelque temps après qu'ils ont pris leur essor.

Les bergeronnettes lavandières surtout défendent leurs petits avec courage lorsqu'on veut en approcher. Le père et la mère viennent au devant de l'ennemi, plongeant et voltigeant comme pour l'entraîner ailleurs, et quand on emporte leur couvée, elles suivent le ravisseur, volant au-dessus de sa tête, tournant sans cesse et appelant leurs petits avec des accents douloureux. Ils les soignent aussi avec autant d'attention que de propreté, et nettoient le nid de toutes les ordures; lorsque les petits sont en état de voler, le père et la mère les conduisent et les nourrissent encore pendant trois semaines ou un mois.

On les voit se gorger avidement d'insectes et d'œufs de fourmis qu'ils leur portent. Si l'on se rappelle combien le nid de la bergeronnette est artistement travaillé, on ne peut s'étonner de rencontrer chez elle tant d'amour maternel.

Ces petits oiseaux si vifs, si remuants, si communs autour des pâtures et sur toutes les lisières des champs, des prés, qui remuent constamment la queue comme les rossignols, et qu'on aperçoit toujours perchés à la cime des buissons, des échalas, des piquets, des poteaux, des ronces, des chardons, les traquets enfin, qui sont insectivores et baccivores, sont pleins d'attention pour leurs petits. Leur sollicitude pour eux devient encore plus vive lorsqu'ils s'élancent hors du nid : ils les rappellent, les rallient, criant sans cesse *ouistratra*, et ils leur donnent encore à manger pendant plusieurs jours après qu'ils ont quitté la demeure paternelle.

Les fauvettes, qui ont été citées bien à tort comme l'emblème des amours volages, sont cependant des oiseaux qui s'aiment entre eux et montrent pour leurs petits un amour qui va jusqu'au sacrifice de la vie. Quand la mère vient à périr, le père se charge de l'éducation de ses petits.

Nous savons déjà avec quelle vaillance le rouge-gorge défend son nid, et l'exemple suivant prouvera quel est son amour pour sa progéniture.

Un gentleman avait fait préparer une de ses voitures avec des paniers d'emballage et des caisses qu'il voulait envoyer à Worthing où il devait se rendre lui-même. Le voyage fut différé de quelques jours, puis de quelques semaines. En conséquence, il fit placer le chariot tout arrangé sous un hangar, dans la cour. Pendant que le susdit chariot remisait sous le hangar, un couple de rouges-gorges fit son nid dans la paille qui se trouvait protéger les objets d'emballage. Ces oiseaux avaient couvé leurs œufs un peu avant que le chariot ne se mît en route.

Fig. 61. — Nid de rouges-gorges sur un chariot.

La mère, nullement effrayée par le mouvement de la voiture, quittait seulement son nid de temps en temps pour voler vers la haie voisine où elle cherchait à manger pour ses petits, leur apportant ainsi tour à tour la chaleur et la nourriture. Le chariot et le nid arrivèrent à Worthing. L'affection de l'oiseau avait été remarquée par le charretier; il eut soin en déchargeant de ne point maltraiter le nid de rouges-gorges.

La mère et les petits retournèrent sains et saufs à Walton-Heath, l'endroit d'où ils étaient partis. La distance que la voiture avait parcourue, en allant et en revenant, n'était pas moins de cent milles. Un acte d'un tel dévouement, dit le docteur Franklin à qui nous devons cette histoire, mériterait le prix Montyon, si la nature distribuait des prix, et si la récompense de leurs bonnes actions n'était dans le cœur des oiseaux.

Le rossignol est l'oiseau chanteur par excellence, il ne chante si bien que parce qu'il aime davantage, et il s'attache d'autant plus fortement qu'il est plus timide et plus sauvage. Il est tellement dans sa nature d'aimer et d'être sérieux dans ses affections, qu'on cite plusieurs exemples de rossignols qui sont morts de chagrin en ne voyant plus la personne qui les soignait habituellement. D'autres, qui avaient été élevés en cage, ont été ensuite mis en liberté dans les bois, mais l'attachement qu'ils avaient pour leur maître les ramenait au logis. L'amour que le rossignol a pour sa compagne, il l'a également pour sa famille. La mère dégorge la nourriture à ses petits, comme font les femelles des serins, elle est aidée par le père dans cette intéressante fonction; c'est alors que celui-ci cesse de chanter pour s'occuper sérieusement du soin de la famille; n'est-ce pas là une preuve éclatante de l'amour paternel? Cet oiseau, qui est si heureux, si fier de faire entendre sa belle voix, met toute vanité de côté lorsqu'il s'agit de sa famille, il ne s'occupe plus que de l'avenir et du bien-être de sa progéniture. Nous trouvons heureusement aussi dans notre société de semblables traits de dévouement; nous voyons de vrais artistes savoir concilier l'amour de l'art avec celui de la famille. Si l'on s'approche du nid du rossignol, la tendresse paternelle se manifeste aussitôt par ses cris de douleur et, au besoin, par le courage et l'abnégation qu'il montre en s'exposant pour sauver sa famille. Nourris avec soin, les petits croissent rapidement; aussitôt qu'ils peuvent *voleter*, ils quittent le nid, suivent leurs parents et restent avec eux jusqu'à la première mue.

Le moyen que Buffon indique pour établir des rossignols dans un endroit où il n'y en a pas encore est une nouvelle preuve de l'amour des oiseaux pour leur progéniture. Pour cela, on tâche de prendre le père, la mère et toute la couvée avec le nid; on transporte le nid dans un site qu'on aura choisi le plus semblable à celui d'où on l'aura enlevé; on tient les deux cages qui renferment le père et la mère à portée des petits, jusqu'à ce qu'ils aient entendu leur cri d'appel; alors on leur ouvre la cage, sans se montrer; le mouvement de la nature, dit Buffon, les porte droit au lieu où ils ont entendu crier leurs petits; ils leur donnent tout de suite la becquée; ils continueront de les nourrir tant qu'il sera nécessaire, et l'on prétend que l'année suivante ils reviendront au même endroit.

Le merle est encore un oiseau calomnié. On affirme que si l'on touche à ses œufs, il les mange, que, de plus, il détruit ses jeunes si on le dérange au moment où les œufs viennent d'être couvés. Il ne faut pas croire un mot de ces accusations mensongères, ou tout au moins très-hasardées. D'après les observations les plus exactes, la vérité est que si quelque bruit extrordinaire ou la présence de quelque objet nouveau donne de l'inquiétude à la couveuse, elle se réfugie près du mâle, mais elle revient bientôt à sa couvée qu'elle n'abandonne jamais.

Dès que les petits sont éclos, le mâle cesse de chanter; mais il ne cesse pas d'aimer; au contraire, il ne se tait que pour donner à celle qu'il aime une nouvelle preuve

Fig. 62. — Merle noir.

de son amour et partager avec elle le soin de porter la becquée à leurs petits.

Audubon a vengé le merle, au moins le merle moqueur des États-Unis. Ce grand observateur a représenté dans son ouvrage une scène admirable de merles attaqués par un énorme serpent à sonnettes. Le reptile s'est glissé jusqu'au nid, il est là, gueule béante, l'œil sorti de la tête, enlaçant le berceau où se trouve la chère nichée ; la mère s'est précipitée sur le monstre, elle veut lui arracher les yeux pour qu'il ne voie pas sans doute ses chers petits ; le père est au-dessous, il regarde en face l'ennemi de sa famille, son bec est tout ouvert de colère, son regard est menaçant, ses ailes hérissées, ses pattes accrochées à son nid, il attaque avec vigueur l'audacieux ravisseur, c'est un combat sublime dans lequel les énergiques oiseaux auraient eu le dessous si les amis du voisinage n'étaient venus de tous côtés porter secours à cette chère famille assiégée.

Gustave Nadaud a chanté l'amour des merles pour leurs petits :

> Dans un jardin du voisinage,
> Deux merles avaient fait leur nid ;
> Trois œufs furent le témoignage
> Du doux serment qui les unit.
>
> Je les ai vus sous une fenêtre,
> De la pointe à la fin du jour,
> Couver trois semaines peut-être
> L'espoir tardif de leur amour
>
> Les petits ont vu la lumière,
> J'entends leurs cris ; il faut nourrir,
> Cette jeunesse printanière
> Qu'on craint toujours de voir mourir.
>
> Que de soucis et que de joie !
> On ne peut rester endormi,
> Sans cesse il faut guetter la proie,
> Il faut éviter l'ennemi.
>
> O vertu ! tendresse immuable,
> O soins constants, travaux passés !
> Par quel amour insatiable
> Serez-vous donc récompensés ?
>
> Ce matin des cris de détresse
> Dans le jardin ont résonné,
> Les merles voletaient sans cesse
> Autour du nid abandonné.

Sans doute un épervier rapide,
Une couleuvre aux yeux perçants,
Ou des enfants, troupe perfide,
Auront surpris les innocents.

Non, dès qu'ils ont senti leurs ailes,
Les ingrats ont fui pour toujours,
Avides d'amitiés nouvelles
Oublieux des vieilles amours.

Ils vont étaler leur plumage,
Voler et chanter dans le ciel,
Sans entendre le cri de rage
Qui sort du buisson paternel.

A quelles cruelles épreuves
Seront soumis les fils ingrats?
L'affection, comme les fleurs,
Descend et ne remonte pas.

Allez, enfants, douces chimères,
Rêves menteurs qui nous charmez,
Vous n'aimerez jamais vos mères
Autant qu'elles vous ont aimés.

Je ne quitterai pas les merles sans rapporter un dernier trait dont je puis garantir l'authenticité, il prouvera encore que ces oiseaux n'abandonnent pas leurs petits. Deux merles avaient fait leur nid dans un jardin. La ponte, la couvée, l'éclosion, tout avait marché à souhait. L'heureuse famille faisait entendre sa joie sous la feuillée, quand les propriétaires du jardin eurent la mauvaise pensée d'enlever le nid à l'arbre qui l'avait vu naître, et de mettre les petits en prison dans une cage. Le père et la mère voyant leurs jeunes merles, qui n'avaient commis aucun mal, être ainsi séparés d'eux, poussèrent des cris de détresse. Ils vinrent se précipiter sur la cage, cherchèrent à briser les barreaux, à faire évader les pauvres prisonniers, ils dépensèrent inutilement leur force et leur amour. Les cruels propriétaires avaient pendu la cage à une longue corde que le moindre mouvement des petits oiseaux faisait vaciller, et quand le père et la mère venaient pour les voir et pour leur donner la becquée, la prison suspendue remuait tellement que les pauvres parents qui avaient déjà bien de la peine à passer leur bec à travers les barreaux, ne pouvaient toucher ni nourrir leurs petits ; ceux-ci moururent de faim. et les propriétaires inhumains ne craignirent pas de dire que les parents les avaient empoisonnés.

Fig. 65. — Merles abecquant leurs petits.

Le sansonnet est encore sous le coup d'une accusation grave. On prétend qu'il suce les œufs de pigeon. Je ne me suis jamais aperçu que cet oiseau qui aime la famille ait manqué de bons procédés à l'égard des oiseaux ses frères. Les sansonnets sont tellement nés pour la société, qu'ils ne vont pas seulement de compagnie avec ceux de leur espèce, mais avec des espèces différentes. Quelquefois au printemps et en automne, c'est-à-dire avant et après la saison des couvées, on les voit se mêler et vivre avec les corneilles et les choucas, comme aussi avec les litornes et les mauvis, et même avec les pigeons. Il m'est impossible de croire qu'un oiseau aussi sociable que le sansonnet se permette de casser et de boire les œufs de ses compagnons, les inoffensifs pigeons. Le docteur Franklin déclare qu'il n'a jamais vu un sansonnet pillant et dévastant un nid. Il nidifie en société avec la tourterelle, le rouge-gorge, le verdier, la bergeronnette, le choucas, le pinson, la chouette; mais il ne touche jamais à leurs œufs. S'il était réellement dans ses habitudes de tourmenter ses voisins sur un point aussi délicat que celui de leur progéniture, il n'y aurait ici qu'un cri contre lui. Je puis confirmer l'opinion du docteur. Sous le toit de mon chalet les sansonnets font leur nid près des moineaux, ils sont côte à côte et je n'ai jamais remarqué le moindre différend entre eux; séparés seulement par la cloison de leur nid, ils ne se troublent jamais les uns les autres. Un jour, cependant, il y eut grande alarme chez mes locataires, on entendait des cris de détresse. Joseph, mon jardinier, accourut, et il vit la mère sansonnet qui, en sortant de chez elle, s'était empêtrée dans un amas de chanvre pendant au nid des moineaux. La pauvre mère poussait des cris affreux, elle agitait vainement ses ailes, elle tirait de toutes ses forces sur le chanvre indocile. Vite Joseph se mit en devoir de la débarrasser; il était temps, sa patte était toute ensanglantée, elle n'avait plus guère la force de se faire entendre. Enfin elle fut dégagée et partit joyeuse se reposer sur la branche d'un arbre voisin où son époux arriva aussitôt pour la consoler et lui dire combien il avait tremblé pour ses jours. A peine eut-elle repris ses sens qu'elle retourna la première vers ses chers petits qui eussent été certainement orphelins, sans l'intervention de Joseph l'heureux sauveur d'une mère de famille. Ceux qui ont pu observer, comme je l'ai fait, les sansonnets, vous diront avec quelle vigilance le père et la mère donnent à manger à leur progéniture; ils ne cessent du matin au soir de leur chercher des vers de terre et des insectes. J'ai vu mes sansonnets au milieu des herbes tomber avec une sûreté admirable sur les grillons sortis de leur trou, les saisir avec une prestesse incomparable et les porter à leur nid. Puis, lorsque les petits s'échappent, les parents s'occupent encore d'eux, les dirigent, les encouragent dans le vol

Fig. 65. — Loriot.

et, au bout d'un certain temps d'exercice, les ramènent au nid jusqu'à ce qu'ils soient assez forts pour se diriger seuls.

Le loriot qui est un oiseau très-peu sédentaire ne semble, selon la remarque de Buffon, s'arrêter chez nous que pour accomplir la loi imposée par la nature à tous les êtres vivants de transmettre à une génération nouvelle l'existence qu'ils ont reçue d'une génération précédente. C'est ce qui nous a permis de constater que quand la mère a des petits, elle leur continue pendant très-longtemps ses soins affectionnés, elle les défend contre leurs ennemis et même contre l'homme, avec plus d'intrépidité qu'on n'en attendrait d'un si petit oiseau. On a vu le père et la mère s'élancer courageusement sur ceux qui leur enlevaient leur couvée ; et, ce qui est encore plus rare, on a vu la mère tenue en captivité avec son nid continuer de couver en cage et mourir sur ses œufs.

Cela ne doit pas nous étonner de la part d'un oiseau qui met tant d'art et d'amour à faire son nid.

LES MELLIVORES

Les mellivores sont des oiseaux gracieux de formes, riches de couleurs, qui vivent sur les fleurs, se nourrissent de mets délicats et sucrés, et chez lesquels tout est aimable. Charmantes petites créatures créées et mises au monde pour la plus grande joie de nos yeux, pour être aimées et aussi pour aimer, car (les oiseaux ont cette supériorité sur nous-mêmes), ils aiment toujours qui les aime. Artistes par le cœur comme par l'intelligence, ils savent construire des nids qui sont des chefs-d'œuvre d'architecture aérienne. Ils savent aimer avec une tendresse délicate et gracieuse. Là encore nous trouvons dans la forme du pied des indications très-précises sur les mœurs, les habitudes de ces oiseaux. Ainsi parmi ces oiseaux, les philidons sont armés de doigts courts, mais robustes et arqués, ce qui indique que ces oiseaux sont souvent obligés de se tenir accrochés aux écorces des arbres ou aux pétales des fleurs pour s'emparer de leur nourriture. Cette nourriture consiste dans le miellat des fleurs, dans les exsudations et les mannes qui découlent des troncs d'arbres et dans les insectes qu'ils y trouvent. Parmi cette nombreuse tribu, les uns comme les philidons appartiennent à l'ancien continent, les autres se trouvent dans le Nouveau-Monde, ainsi que les colibris improprement appelés oiseaux-mouches.

Comme nous l'avons déjà dit, il est rare qu'un mari qui aime sa femme n'aime pas ses enfants; aussi les colibris sont-ils pleins de tendresse et de dévouement pour leur famille. Le colibri vole à la figure de l'homme qui s'approche de son nid. Au dire d'Audubon, le père et la mère, remplis d'angoisse et de terreur, volent de çà de là, rasant la figure de celui qu'ils croient leur ennemi; puis ils se perchent tout auprès de lui sur une branche, attendant les événements.

LES INSECTIVORES.

Nous avons suffisamment décrit les mœurs des insectivores, nous avons assez dit comment ils savent construire leur nid, couver leurs œufs, et cela avec le plus grand art comme aussi avec le plus grand amour. Nous ne reviendrons pas sur l'instinct éminemment sociable et fraternel de ces charmantes espèces qui voyagent toujours en sociétés nombreuses. Mais on ne saurait imaginer de quels soins les roitelets doivent entourer leur progéniture. Les petits sont si frêles, si délicats que ce n'est qu'au prix de mille peines que les parents peuvent leur trouver les aliments qui leur conviennent, œufs d'insectes, petites larves, etc. Ils sont si sensibles au froid qu'il a fallu dans le principe leur construire un nid tout petit pour que la chaleur s'y concentrât mieux; mais à mesure que ces jeunes oiseaux grandissent, la place leur manque, il faut que les parents élargissent leur demeure; c'est d'autres soins, un autre travail auxquels ils ne font jamais défaut.

Les pouillots ne sont pas moins pleins de sollicitude

pour leurs petits aussitôt qu'ils sont éclos. Si quelqu'un passe près du nid, ils tremblent pour leur chère couvée comme fait la perdrix ; ils feignent d'être blessés pour attirer l'attention sur eux et tâcher ainsi de sauver leur progéniture.

Le courage que met la mésange huppée à défendre ses petits est au delà de toute expression.

L'esprit de maternité se manifeste chez l'hirondelle

Fig. 66. — Hirondelle abecquant ses petits.

comme chez les jeunes filles dès l'âge le plus tendre. Toussenel raconte avoir vu, vers l'arrière-saison, de pauvres petites hirondelles sorties à peine du nid s'empresser déjà autour de leur père et mère et les aider dans les soins de l'éducation d'une famille nouvelle, si bien que les benjamins de ces couvées tardives se trouvent avoir parfois deux nourrices chacun. Qui n'a pas admiré ces jolies et mignonnes têtes noires tendant leur bec au bord du nid, et recevant avec des cris de joie l'insecte que la mère leur apporte à chaque minute ayant bien soin pour ne pas les rendre jaloux de leur donner à chacun son tour la becquée? L'amour maternel de l'hirondelle ne doit pas nous étonner : ce petit oiseau est un de ceux qui mettent le plus d'art dans la construction de leur nid ; sa fidélité conjugale est hors de doute. On a constaté qu'un même couple était venu pendant quatre ans au même nid. Les amours chez les hirondelles ne sont pas des fantaisies d'un moment comme chez certains oiseaux, ni des liaisons d'un printemps comme chez la plupart des animaux; ce sont de véritables mariages qu'une tendresse méritée rend indissolubles. Quand un des époux meurt, il est rare que l'autre lui survive. Intelligence distinguée, grand cœur et bonnes mœurs, l'hirondelle réunit toutes les qualités qui font les bons parents. Le docteur Franklin raconte une histoire intéressante qui prouve tout l'amour maternel de l'hirondelle.

« Je me souviens, dit-il, d'avoir habité pendant six mois en Écosse un vieux château qui mériterait bien d'être décrit, si l'on pouvait décrire après Walter Scott ces sauvages et romanesques demeures du moyen âge. Il y avait une salle basse et voûtée qui, pendant la belle saison, nous servait de salle à manger. Le rez-de-chaussée était éclairé par une grande fenêtre dont une vitre était brisée. Par cette ouverture entraient fréquemment, durant la journée, deux hirondelles, le mâle et la femelle, qui avaient bâti leur nid moitié contre le mur, moitié contre un des châssis de la fenêtre. Aux heures des repas, nous prenions un plaisir singulier à voir ces deux oiseaux pénétrer dans la chambre et porter la nourriture à leurs petits ; car nous entendions bien à certains cris que le nid n'était pas stérile. Un jour, jour néfaste ! une nouvelle servante, non par méchanceté, mais par inadvertance ou par bêtise, eut la malencontreuse idée d'ouvrir tout grands les deux battants de la fenêtre. Le nid tomba au milieu de la chambre. Je vois encore les cinq petits sans plumes qui se débattaient dans les souffrances de l'agonie. Quoique cette impression soit ancienne, elle ne s'effacera jamais de ma mémoire. La souffrance de ces innocentes créatures, exposées sur la dalle, m'avait touché ; mais ce qui m'attendrit davantage, quelques minutes après, ce furent les cris désolés de la mère, le vol inquiet du père, qui cherchaient tous les deux leur nid, le fruit sacré de leurs amours, et qui ne le trouvaient plus. Les deux oiseaux infortunés quittèrent pour jamais ces lieux maudits où l'on ne respectait point le dépôt de la maternité. »

Denys de Montfort a raconté à Sonnini un autre fait qui prouve combien le cœur maternel de l'hirondelle est susceptible de reconnaissance. Un couple de ces oiseaux, petit ménage constant et heureux, s'était établi sous un escalier, dans la maison du naturaliste. Un jour, la femelle en volant vers son nid fut prise par un chat au moment même où Montfort montait l'escalier. Il intimida le chat et lui prit l'hirondelle, qu'il plaça sur son nid dans lequel les petits étaient éclos. Depuis ce moment, l'hirondelle reconnaissante montra l'affection la plus vive, la reconnaissance la plus touchante envers son libérateur. Chaque fois qu'il montait l'escalier, elle se posait sur lui et se laissait toucher ; elle devint familière au point que toutes les personnes de la maison avaient part à ses caresses. Elle revint pendant quatre années ; la cinquième ses hôtes l'attendirent en vain.

Les martinets aiment aussi très-tendrement leurs petits. Lorsqu'ils ont percé la coquille, bien différents des petits hirondeaux, ils sont muets et ne demandent rien ; les parents leur apportent à manger deux ou trois fois par jour, une ample provision de mouches, papillons, scarabées, araignées, etc.

L'éducation des martinets est beaucoup plus longue que

celle des jeunes hirondeaux, car ils sont plus de temps à acquérir la puissance du vol; mais une fois qu'ils ont quitté leur nid, ils n'y reviennent jamais, tandis que les hirondeaux de fenêtre et de cheminée, qui n'ont pas d'autre gîte pendant les premiers temps de leur émancipation y reviennent.

LES MAMMIFÈRES

L'amour maternel est la manifestation la plus évidente de l'instinct de conservation et de reproduction. Cet amour est d'autant plus grand que les animaux possèdent une organisation plus complète, qu'ils ont un système nerveux, source de sensibilité, plus parfait, c'est-à-dire plus étendu, plus volumineux par rapport au corps. Un sang plus chaud, une circulation plus active sont aussi des conditions plus particulièrement favorables aux manifestations de l'amour des parents pour leur progéniture. C'est qu'en effet les instincts, et surtout l'instinct de conservation, qui est celui duquel dérive tous les autres, est en parfaite harmonie avec l'organisation.

La séparation des sexes est la source du perfectionnement des êtres qui s'y voient soumis, elle inspire plus d'activité et d'ardeur aux individus l'un pour l'autre, plus d'amour pour leurs petits. Elle aiguise leur industrie mutuelle, elle exige le développement, l'exercice d'un plus grand nombre de sens : Tous les animaux à sexes séparés ont une forme exactement symétrique ou composée de deux moitiés semblables, avec des sens et une organisation d'autant plus complète qu'ils appartiennent aux vertébrés et surtout aux mammifères qui sont seuls vivipares et allaitent leurs petits naissants; les oiseaux sont ovipares comme les reptiles et les poissons ; mais les oiseaux et les mammifères prennent seuls le soin de nourrir leur famille.

Chez les mammifères comme chez les oiseaux, l'amour pour la progéniture est beaucoup plus accusé chez la femelle que chez le mâle. Il entraîne chez la mère une foule de modifications qui ont trait à la protection, à l'entretien et à l'éducation des petits. Ces soins maternels que le mâle partage rarement méritent une grande attention à cause de leur diversité.

Charles Bonnet se demande si pour mieux assurer le sort des petits, la nature n'aurait point intéressé l'affection des mères en disposant les choses de manière que les petits deviennent pour elles une source de sensations agréables et d'utilité réelles. Quelques faits semblent confirmer cette conjecture. L'action d'allaiter est la plus importante de toutes pour les petits puisque leur vie en dépend immédiatement. Les mamelles ont été faites avec un tel art que la succion et la pression des petits excitent dans les nerfs qui s'y distribuent un léger ébranlement, une douce commotion qui est accompagnée d'un sentiment de plaisir. Ce sentiment soutient l'affection naturelle des mères si elle n'en est une des principales causes.

Buffon dans son discours sur la nature des animaux prétend que l'attachement des mères pour leurs petits ne vient que de ce qu'elles ont été fort occupées à les porter, à les produire, à les débarrasser de leurs enveloppes et qu'elles le sont encore à les allaiter. Il ajoute : si dans les oiseaux les pères semblent avoir quelque attachement pour leurs petits et paraissent en prendre soin comme les mères, c'est qu'ils se sont occupés comme elles de la construction du nid, c'est qu'ils l'ont habité ; dans les autres espèces d'animaux où il n'y a point de nid, point d'ouvrage à faire en commun, les pères ne sont pères que comme on l'était à Sparte, ils n'ont aucun souci de leur postérité.

Cicéron avait très-bien reconnu que le premier instinct de tous les instincts c'est-à-dire l'amour de soi-même ne pouvait exister dans les animaux sans le sentiment intérieur d'eux-mêmes qui les porte à s'aimer eux et leurs enfants.

Colin, dans son *Traité de physiologie comparée des animaux*, a consacré quelques pages à l'amour maternel.

Parmi les quadrumanes, dit-il, les femelles montrent la plus grande tendresse pour leurs petits, elles les portent dans leurs bras ou sur leur dos quand elles sont obligées de fuir, elles les défendent avec un dévouement et un courage remarquables.

Chez les femelles des carnassiers, l'amour maternel est peut-être encore plus exalté. La plupart d'entre elles ont pour leurs petits une affection poussée jusqu'aux dernières limites. La chatte si casanière au coin du feu, change ses habitudes dès qu'elle a mis bas, elle abandonne la place qu'elle avait au foyer, et n'y vient que pour prendre sa nourriture ; elle se dérobe aux caresses, qui auparavant lui paraissaient si agréables et s'en va à la hâte allaiter, réchauffer et protéger ses petits. Attentive à dissimuler le lieu où elle les a déposés et le chemin qu'elle prend pour s'y rendre, on la voit inquiète et soucieuse dès qu'elle s'aperçoit que ce lieu est découvert : alors elle les prend dans sa gueule et les emporte un à un dans un autre endroit où ils seront plus en sûreté. La louve, la renarde, la lionne s'exposent à tous les dangers pour procurer des aliments à leur progéniture. Leur affection pour leurs petits les rend d'une férocité extrême, quand elles se voient menacées de les perdre. Mais une fois que ceux-ci peuvent se suffire à eux-mêmes, cette tendresse se change en aversion ; la mère jusqu'alors si empressée à leur prodiguer ses soins, si courageuse à les défendre, leur voue une haine impitoyable et les éloigne du lieu de leur naissance.

Cependant quelques exceptions s'observent parmi les

espèces de ce groupe : la chienne et la chatte, qui n'ont pas moins de sollicitude pour l'éducation de leurs petits ne les prennent pas en aversion, une fois qu'ils deviennent assez forts pour se passer de la protection maternelle. Parmi les ruminants bien des femelles témoignent presque autant d'affection à leur progéniture. La vache qu'on prive de son petit le cherche de tous côtés : errante au milieu de la prairie, elle fait entendre des beuglements plaintifs qui expriment la douleur et redemandent avec instance le nourrisson qui jusqu'alors ne l'avait pas quittée. Son agitation ne vient pas de ce que son lait l'incommode : la main de la ménagère, en le lui enlevant, ne calme pas son inquiétude.

Les autres ordres de mammifères nous présentent sous ce rapport, une infinité de particularités plus ou moins intéressantes. Ainsi chez certains rongeurs, le lapin par exemple, la femelle n'est pas seulement chargée de l'éducation des petits, elle a encore à lutter contre une aberration de l'instinct qui pousse souvent le mâle à détruire sa progéniture. Lorsqu'elle se sent près de mettre bas, elle cherche un coin obscur de son terrier, elle s'arrache du poil sous le ventre et en garnit le nid dans lequel elle viendra déposer ses petits. Cette mère timide, sans armes, pour résister aux fureurs du mâle, se contente de ne jamais abandonner sa progéniture.

Les didelphes, si singuliers quant à leur organisation, placent leur petit dans une poche spéciale que les mères ont sous le ventre. Une fois placé là le nouveau-né se greffe à un mamelon pour y pomper peut-être d'abord du sang, puis du lait quand ses organes peuvent le digérer. Lorsqu'il a acquis un certain accroissement, il sort par moments de la poche protectrice, où sa mère le rappelle au moindre danger. De semblables rapports se continuent jusqu'à ce que les petits puissent se passer des soins de la mère.

Enfin, parmi les groupes où les femelles montrent le

moins d'empressement à l'éducation de leur progéniture, on remarque néanmoins qu'elles cherchent pour les déposer un endroit convenable. Aussitôt que leurs petits sont nés, elles les sèchent en les léchant, et pendant leur premier âge, elles ne cessent de les entourer des soins les plus minutieux, elles ne les quittent que pour prendre de la nourriture. Si la jeune famille leur est ravie, on voit à leur inquiétude et à leurs plaintes qu'elles en éprouvent une vive douleur.

Avant tous ces auteurs, en 1668, De la Chambre publia un curieux ouvrage intitulé : *Discours de l'amitié et de la haine qui se trouvent entre les animaux.* Dans le chapitre sur les animaux qui aiment leurs petits, il dit :

« La nature aurait vainement inspiré aux animaux le désir de donner la vie à leurs semblables pour en conserver l'espèce, si elle ne leur avait encore donné l'inclination de les nourrir et de les défendre lorsqu'ils sont faibles. Que leur servirait pour ce dessein-là d'avoir mis au monde des petits, si ceux-ci venaient à perdre la vie incontinent après? Elle leur a donc inspiré de l'amour pour eux, afin qu'ils eussent soin de les élever. Et cet amour n'a point d'autre source que la conservation de l'espèce, car il ne vient pas, comme on dit communément, de ce que leurs petits font comme une partie d'eux-mêmes et qu'ils aiment en eux la portion de leur être qu'ils leur ont communiquée; si cela était véritable, ils les aimeraient toujours, et l'expérience nous apprend qu'ils n'ont de l'amour pour eux que lorsqu'ils sont jeunes, et qu'ils ne sont point en état de pouvoir se nourrir eux-mêmes ni se garantir des dangers auxquels ils sont exposés. C'est pourquoi cet amour dure plus ou moins de temps selon qu'ils acquièrent plus tôt ou plus tard les forces qui leur sont nécessaires. Après cela l'amour s'éteint tout à fait et les uns et les autres se traitent alors comme s'ils étaient de différente famille.

« Quoique les soins que les femelles doivent prendre de

leurs petits dussent être égaux en toutes les espèces, dit Reimar, parce que le besoin y est égal, du moins en certain temps, il y en a néanmoins qui ont plus de tendresse, plus d'ardeur, plus d'inquiétude pour eux les unes que les autres. » Et c'est de celles-là qu'il donne des exemples.

« Entre les animaux farouches, la panthère et la tigresse semblent être ceux qui ont le plus d'amour pour leurs faons : car quand on les leur a enlevés elles font des cris et des rugissements étranges et courent avec tant de vitesse après le voleur qui les emporte, qu'il est bien difficile qu'elles ne l'attrappent. Si elles ne peuvent les recouvrer, elles entrent en fureur, et il s'en est trouvé qui, de rage et de désespoir, en ont perdu la vie. Pour la panthère, elle marche toujours devant ses faons quand ils sortent de leur repaire, et sans craindre ni le nombre des hommes qui l'attaquent ni la multitude des traits qu'on lui lance, elle demeure ferme et se résout plutôt de mourir que de les abandonner.

« Les mâles des éléphants n'ont presque aucun soin de leurs faons; mais les femelles les aiment ardemment, car depuis qu'ils sont nés, elles ne les quittent point et quand elles les voient en péril, elles s'y jettent elles-mêmes.

« Le taureau s'oppose courageusement aux animaux les plus féroces pour défendre ses petits. La cavale ne peut aussi sans douleur être séparée de son poulain, et si elle est en liberté, elle retourne à lui avec une vitesse incroyable. C'est pourquoi Varron conseille qu'on le mène toujours paître avec elle de peur que le regret de son absence ne l'empêche de manger. On dit la même chose de la femelle du chameau.

« C'est une merveille qu'une brebis discerne entre un million d'agneaux celui qui est à elle et que lui aussi connaisse la voix de sa mère entre mille autres. Cet amour est tellement réciproque, qu'on ne les peut séparer l'un de l'autre qu'ils ne témoignent par de fréquents et de tristes bêlements la douleur qu'ils en ont.

« La biche est la seule qui ait soin de ses faons, le cerf ne s'en mêle en aucune manière. Elle les cache au commencement avec grand soin, car, quoique pour les mettre bas, elle choisisse les lieux qui sont hantés par des hommes pour éviter l'insulte des bêtes farouches, néanmoins elle les retire après dans ses forts, où elle les tient cachés quelque temps, et s'il arrive qu'ils se découvrent trop elle les châtie à coups de pied. Mais, lorsqu'ils sont assez forts, elle les exerce à la course et les instruit de la manière qu'il leur faut faire retraite et qu'ils doivent sortir des broussailles et des herbiers sans embarrasser leur bois.

La belette aime tellement ses petits qu'en quelque lieu qu'elle les mette, elle a toujours peur qu'on ne les lui dérobe, c'est pourquoi elle les transporte incessamment d'un lieu à un autre, et comme on les lui voit souvent dans sa gueule, on a cru autrefois qu'elle les engendrait par là. C'est ce qu'on a dit aussi des lézards.

Tout le monde sait l'amour que le singe a pour ses petits, il a passé en proverbe pour marquer ceux qui perdent leurs enfants à force de les caresser. Il est vrai de dire que de deux qu'elle fait à chaque fois, il y en a toujours un qu'elle aime le mieux parce que son amour est trop violent pour être également partagé entre les deux. »

LES RONGEURS.

Scientifiquement, on définit les rongeurs des animaux qui n'ont que deux sortes de dents, savoir une grande paire d'incisives tranchantes à chaque mâchoire et des molaires en général au nombre de trois paires ou de quatre. Un espace vide, comparable à la barre des chevaux sépare leurs incisives d'avec les molaires. Cette définition basée sur un fait anatomique constant est bonne; elle peut servir de caractère distinctif à une grande famille de mammifères qui, se distinguant nettement des autres, se rapprochent d'autant plus entre eux qu'ils ont le même système dentaire, par conséquent le même régime, à peu près le même caractère, mais les mœurs sont assez diverses. Certains rongeurs sont arboricoles et les autres exclusivement terrestres; ceux-ci vivent dans l'eau, ceux-là se creusent des terriers souterrains; les uns habitent les forêts, les autres les campagnes. Tous sont plus ou moins agiles, courent, grimpent, nagent, fouillent selon le milieu qu'ils habitent.

Ils savent admirablement se servir de leurs pattes de derrière pour sauter, et de leurs pattes de devant pour tenir leurs aliments, pour peigner leurs petites moustaches; ils sont toujours propres, vifs, pleins d'inquiétude. Plusieurs espèces dorment souvent et s'engourdissent même en hiver. Celles-ci savent se renfermer en cette saison dans des caves souterraines bien tapissées de mousse, et y sommeillent jusqu'au printemps. Quand ils se réveillent, ces animaux trouvent les provisions qu'ils ont eu soin d'amasser pour leur nourriture. Ils ont l'instinct de conservation personnelle très-développé.

Nous retrouvons parmi les rongeurs comme parmi les oiseaux, des manifestations excellentes de l'amour maternel dans leur habileté à construire leur demeure. Tous sont plus adroits qu'aucun autre animal pour se creuser des terriers; l'un étançonne un terrain qui s'écroule, l'autre divise une vaste cavité en compartiments; celui-ci prenant de l'argile pétrie, garantit par un toit sa demeure de la chute des eaux; tel autre sèche aux derniers soleils de l'automne ses fruits pour les conserver en hiver; chacun travaille suivant son industrie ou ses forces: telle chambre est destinée à tenir chaudement les petits et leur mère; telle autre est le grenier; ici est le dortoir, là une sorte de vestibule. Le hamster pratique deux galeries: l'une, fosse oblique, pour y jeter les déjections; l'autre, escalier perpendiculaire pour la sortie. L'ondatra, sur les bords des fleuves américains, bâtit ses huttes de joncs, ses maisonnettes à plusieurs étages, pour y monter, selon la crue des eaux.

Les rongeurs aiment à vivre en famille, ce qui est encore un bon indice d'amour maternel. Beaucoup vont par paires, mais il y en a un très-grand nombre qui se réunissent en bandes nombreuses. Ils s'attroupent en automne. C'est ainsi que les campagnols, les lémings se mettent en marche de nuit, traversent presque toujours en ligne droite les bois, les montagnes, passent même les rivières à la nage et fondent de nouvelles colonies en d'autres contrées.

Les rongeurs monogames sont comme les oiseaux qui vivent dans les mêmes conditions. Ce sont d'excellents parents, donnant l'exemple de la vie de famille. Le père et la mère prennent également soin de leur progéniture. On voit même plusieurs familles unies entre elles pour l'éducation des petits. La tendresse mutuelle semble présider à ces petits ménages; les attentions, les détails en sont partagés par tous. La société chez certains rats, hamsters et bobacs, est presque aussi intime que parmi les hommes.

Les rongeurs polygames aiment beaucoup moins leur progéniture. Mais nous voyons toujours et partout, qu'après le besoin ou l'instinct de conservation personnelle, c'est l'amour maternel qui se montre le plus ardemment.

LES RONGEURS MONOGAMES.

C'est évidemment parmi les rongeurs monogames que nous trouvons les manifestations les plus remarquables de l'amour maternel. Les écureuils nous en donnent les premiers exemples. Aussi ces charmants petits quadrupèdes sont-ils des artistes habiles, des époux fidèlement attachés l'un à l'autre.

Examinons leurs nids. Ces jolis monuments de la piété maternelle sont construits de la façon la plus ingénieuse. Ils sont chantés par les poëtes, et ils font l'admiration des naturalistes.

> Ton nid, palais d'hiver, de la brise bercée
> Se défend par tes soins contre vents et froidure.
> . . . .
> Les grands combats des vents sont prévus avant l'heure,
> Et chaudement tapi dans un logis bien clos,
> Tu ris de leur courroux, plus tranquille et dispos
> Qu'un monarque enfermé dans sa noble demeure.

Je ne saurais mieux faire, pour donner une idée complète d'un nid d'écureuil, que de rappeler la description qu'en a donnée M. Gayot.

« L'opération commence par un transport de matériaux. Le travail s'exécute joyeusement; c'est comme une partie de plaisir : les sauts, les bonds se succèdent avec une agilité, un entrain qui sentent la bonne humeur et la satisfaction. Les bûchettes jugées nécessaires une fois réunies, l'ouvrier les choisit en les démêlant, puis les place artistement, et les entrelace en fermant les vides avec de la mousse. Tout cela est convenablement serré, pressé, foulé; rien n'est épargné, mais aussi rien n'y manquera. Ce nid aura capacité suffisante et grande solidité. On veut y être à l'aise soi et les siens. Une future maman oublie-t-elle jamais rien de ce que pourra désirer la famille. Ah! je me souviens. Il faut une ouverture à cet appartement. Elle est supérieure et judicieusement calculée quant aux dimensions. On la voit plus étroite que large ; on est adroit, on est exact dans tous ses mouvements. Ceci a son avantage, car alors on n'a pas la crainte de se heurter au passage, de se faire quelque mal à soi et de nuire aux petits brimborions que l'on porte et que l'on couve amoureusement avant de les mettre au monde. La porte suffira donc juste, tout juste au besoin mais rien de plus.

« Ainsi béant par le haut, le domicile ne reste exposé à aucune injure du temps ; ni la pluie, ni la neige ne doivent y pénétrer. Le prévoyant animal a prévenu les graves inconvénients qui résulteraient d'un tel état de choses ; il complète son œuvre en établissant au-dessus de l'ouverture une marquise en cône qui abrite l'édifice et ses ha-

Fig. 67. — L'écureuil et son nid.

bitants. La pluie s'écoule par les côtés à distance, et le vent n'en chasse même pas une goutte à l'intérieur. »

Ce nid construit avec tant d'art et de prévoyance, a été irrévérencieusement appelé une bauge. Assurément on n'y trouve pas l'art, le fini, la mollesse du nid de pinson ou de chardonneret, ce n'était pas nécessaire; ce nid ressemble extérieurement au nid de pie, mais dans cette entrée principale située à la partie inférieure, du côté du soleil levant, dans la petite ouverture ménagée dans l'épaisseur du dôme pour pouvoir s'échapper en cas de surprise, ne voit-on pas là une prévoyance infinie de l'amour maternel, qui a eu soin de placer son nid dans le tronc d'un chêne ou bien à l'embranchement de deux rameaux fourchus où il se confond avec l'arbre lui-même. L'intérieur est mollement rembourré avec de la mousse, car les petits écureuils naissent presque nus et aveugles. Quand la mère est pressée, qu'elle rencontre un vieux nid de pie, comme la besogne est en partie faite, elle l'adopte et se borne alors à approprier l'intérieur aux besoins de sa petite famille, mais cela est rare, les écureuils ne se servent guère des nids des oiseaux que pour se loger eux-mêmes et non leurs petits, que la mère allaite avec une tendresse admirable ; lorsqu'ils commencent à sortir, ce sont par le beau temps des jeux, des sauts, des agaceries, des chasses, des murmures, des sifflements ; cela dure cinq jours, puis tout d'un coup la jeune famille disparaît, émigre dans la forêt voisine. Si on la trouble dans ses fonctions de nourrice, la mère porte ses petits dans un autre nid souvent très-éloigné du premier. Ils sont nourris par les parents pendant quelque temps encore après leur sevrage, puis ils sont abandonnés à eux-mêmes.

Que d'autres rongeurs nous fournissent encore des exemples d'amour maternel! le muscardin des noisetiers, animal de l'Europe centrale, qui grimpe et court sur les branches les plus minces comme l'écureuil, sait comme lui se construire un nid bien approprié à ses besoins, fait d'herbes, de feuilles, de mousses, de racines et de poils. Les petits naissent également nus et sans poils ; ils croissent rapidement, et tètent pendant un mois quoiqu'ils soient déjà assez grands pour pouvoir quitter leur nid.

Dehne a décrit la tendresse maternelle d'une phsammomys élevée en captivité. Cette excellente mère ne quittait jamais son nid sans recouvrir ses petits du foin qu'elle avait à sa disposition. Souvent par la grande chaleur elle se couchait sur le flanc pour les allaiter. Elle cherchait continuellement à les dérober aux regards, elle les prenait l'un après l'autre dans sa gueule, les portait dans son nid et les y cachait soigneusement.

Restait-on longtemps près d'elle, elle se montrait inquiète, courait dans la cage en portant un de ses nourrissons dans sa gueule. On aurait pu craindre qu'elle ne les blessât, mais jamais aucun d'eux ne donna le moindre signe de douleur.

LES RATS.

Ici, nous sommes arrêtés dans l'admiration que nous avons essayé de faire partager pour l'amour maternel des animaux. On nous objecte de tous côtés que parmi les rongeurs, un certain nombre de mères dévorent leurs petits. Les rats surtout sont accusés de cette barbarie.

Dehne, qui a étudié tout spécialement les rongeurs, raconte qu'il avait une femelle de rat blanc enfermée dans une cage où elle fit son nid et mit au monde ses petits. Un mois après leur naissance, il en plaça une paire dans un grand bocal pourvu d'une ouverture de 12 centimètres. Deux mois plus tard il en obtint une portée de six petits : malgré la grandeur du vase, la mère paraissait se trouver à l'étroit ; elle fit de vains efforts pour agrandir sa demeure. Ses petits furent allaités pendant vingt-deux jours, ils étaient alors tout blancs. Un jour ils disparurent, la mère avait dévoré jusqu'au dernier.

Reichenbach a plusieurs fois été témoin du même fait. J'ai eu divers accidents, dit-il, avec mes rats blancs. Quatre fois déjà ils avaient eu des petits, de quatre à sept par portée, et toujours les parents les avaient dévorés. La dernière fois, je remarquai que c'était le père surtout qui les mangeait.

Nous ferons observer que les faits en question sont relatifs à des animaux tenus en captivité et dans de mauvaises conditions. On ne les a jamais vus chez les mêmes animaux vivant à l'état de liberté, et puis ce n'est pas la mère, c'est le père qui dévore les petits, emporté qu'il est par une voracité désordonnée.

La mère des rats blancs observée par Dehne, était pleine de sollicitude pour eux, et quand ils sortirent pour la première fois de leur nid, voyant qu'on les observait, elle les prit dans sa bouche l'un après l'autre et les transporta dans son nid. Quand ils furent plus gros, on les vit s'asseoir sur le dos de leur mère et se faire porter par elle. Ce n'est pas quand on est si prévoyante et si bonne qu'on dévore ses petits.

Aussi, nous maintenons que les rongeurs, surtout les monogames, ont un véritable amour pour leur famille.

Le rat nain, ou rat des moissons, est, dit Figuier, le plus petit, le plus gracieux et le plus joli des rats de France. Le nid qu'il confectionne est une petite merveille. Ce mignon chef-d'œuvre a beaucoup de ressemblance avec le nid de certains oiseaux, celui de la mésange par exemple. Il a la forme d'une sphère et n'est pas plus gros qu'une de ces balles avec lesquelles jouent les enfants.

Composé d'herbes et de feuilles artistement tressées, il se balance mollement au milieu de deux ou trois tiges de blé entrelacées à la moitié de leur hauteur. C'est dans ce berceau douillet que la mère dépose sept ou huit petits ; seulement on se demande comment elle s'y prend pour les allaiter, l'étroitesse du nid ne lui permettant pas de s'installer au milieu d'eux. L'ouverture du logis est si habilement dissimulée, qu'il faut une extrême attention pour le découvrir. La femelle grimpe à son nid avec la plus grande facilité ; elle en descend de même en roulant sa queue autour d'une tige de blé et se laissant glisser avec rapidité. Voilà déjà plusieurs années que nous cherchons ce charmant petit nid sans pouvoir le rencontrer ; la gravure ci-contre en donnera une idée.

Quelle charmante et gracieuse mère que la souris. Son amour pour ses petits n'est égalé que par sa fécondité.

Fig. 68. — Le rat nain.

Tout dans sa nature indique la finesse, la grâce et la distinction. L'une d'elles, la souris naine a des goûts artistiques très-prononcés. Aucun animal ne la surpasse dans l'art de construire son nid ; nous avons vu que c'était là un signe évident en faveur de l'amour maternel. Dans une description charmante, Gerbe nous en a laissé un excellent témoignage,

On dirait que la fauvette des roseaux, la pouillote ou le roitelet lui ont donné des leçons. Ce nid est arrondi et de la grosseur du poing et d'un œuf d'oie. Suivant les endroits, il est placé sur vingt ou trente feuilles de graminées, réunies de manière à l'entourer de tous côtés, ou bien il est suspendu à près d'un mètre de terre, aux branches d'un buisson, à une tige de roseaux et se balance dans l'air. L'enveloppe extérieure est formée de feuilles de roseaux ou d'autres graminées dont les tiges forment la base de tout l'édifice. Le petit architecte prend chaque feuille entre ses dents, la divise en six, huit, dix lanières qu'il entrelace et tisse en quelque façon de la manière la plus remarquable. L'intérieur est tapissé avec le duvet des épis des roseaux, avec des chatons, des pétales de fleurs. L'ouverture est petite et latérale. Toutes les parties sont si étroitement unies que le nid a une forme solide. Quand on compare les organes imparfaits de la souris avec le bec bien mieux approprié des oiseaux, on ne peut assez admirer cette construction, et l'on est forcé d'attribuer plus d'adresse à la souris naine qu'à bien des volatiles.

Ce nid étant toujours construit, au moins en grande partie, avec les feuilles des végétaux qui lui servent de support, il en résulte qu'il a la même couleur que les plantes environnantes. La souris même ne se sert de cette habitation que pour y déposer ses petits; par conséquent, elle n'est que temporaire; les petits l'ont même quittée avant que les feuilles soient fanées et aient pris une couleur différente de celle de la plante.

On croit que la souris naine a deux ou trois portées par an, de cinq à neuf petits. Ceux-ci restent ordinairement dans le nid jusqu'à ce qu'ils puissent voir. La femelle les recouvre chaudement, ou pour mieux dire, ferme la porte de la loge qui les recèle quand elle doit les quitter pour chercher de la nourriture.

Lorsqu'on est assez heureux pour surprendre une mère sortant pour la première fois avec sa progéniture, on assiste à une des scènes de famille les plus charmantes. Quelque adroites que soient les jeunes souris naines, elles ont cependant besoin de quelques leçons pour faire leur entrée dans le monde. Une d'elles est grimpée au haut d'un chaume, une seconde sur un autre, celle-ci appelle sa mère, celle-là lui demande à teter; l'une se lave et se nettoie; l'autre a trouvé un grain de blé, elle le tient entre ses pattes de devant et le croque; la plus faible est encore dans le nid; la plus hardie, un mâle généralement, s'est déjà éloigné; il nage dans l'eau de laquelle s'élèvent les joncs. En un mot, toute la famille est en mouvement, et la mère est au milieu, veillant sur elle, l'aidant, l'appelant, la conduisant, la guidant.

Les campagnols, dont la fécondité est une source de désastres pour nos campagnes, ont aussi un instinct de conservation très-développé et un très-grand amour pour leurs petits qui naissent aveugles, et ne commencent à entr'ouvrir les paupières que neuf ou dix jours après leur naissance. Jusque-là ils s'en vont à tâtons dans les galeries de leur demeure; ils commencent à s'exercer à manger quoique la mère les allaite encore. Ce n'est que du quinzième au dix-huitième jour qu'ils cessent de teter.

Si l'on ne savait, dit Gerbe, combien l'instinct de conservation est développé chez les êtres qui n'ont pas la force en partage, les actes dont on est témoin, les manœuvres auxquelles on assiste lorsqu'une mère croit ses petits menacés, étonneraient à bon droit. Chez les campagnols, la sollicitude maternelle se trahit alors par certains mouvements de trépidation brusques et fréquents. A ce signal, qui sans doute est pour eux l'indice d'un danger imminent, les petits, trop faibles encore pour fuir, saisissent aussitôt avec leur bouche les tétines de leur nourrice, s'y greffent en quelque sorte et se laissent entraîner hors du nid sans résistance. Le danger a-t-il disparu, la mère les ramène de la même manière, et si, par cas fortuit, l'un d'eux s'est détaché de la mamelle, elle va à sa recherche et le rapporte dans ses lèvres à l'exemple de beaucoup d'autres mammifères.

Fig. 69. — Les campagnols.

D'autres rongeurs qu'on rencontre dans l'Amérique du Sud où ils vivent en société et se creusent des terriers profonds, les visaches, ressemblent beaucoup aux lapins dans leurs mouvements ; les mères craintives, comme eux, sont plus prévoyantes et non moins tendres. Gœring raconte qu'il n'a jamais vu une visache avoir plus d'un petit ; elle le garde auprès d'elle, le soigne avec beaucoup de tendresse et le défend avec courage.

Une fois, il blessa d'un coup de feu une femelle et son nourrisson ; celui-ci tomba, la mère n'était pas mortellement atteinte. Quand Gœring s'approcha pour prendre sa proie, la mère s'efforça d'enlever son petit ; elle tournait autour de lui et paraissait fort tourmentée de voir que ses efforts étaient impuissants. A l'approche du chasseur, elle se dressa sur ses pattes de derrière, fit un bond et s'élança sur lui en grondant avec une telle fureur que Gœring dut la repousser à coups de crosse. Quand elle vit que tout était inutile, qu'elle ne pouvait plus sauver son petit, elle se retira dans son terrier, mais en lançant au meurtrier des regards où brillaient à la fois la peur et la colère.

LES LAPINS.

Nous terminerons notre étude sur les rongeurs par les lapins, qui sont encore sous le coup d'une horrible accusation. Les mères des lapins tuent, dit-on, leurs petits, et cette accusation va se répétant des campagnes à la ville où nous faisons sauter dans la poêle ces innocentes créatures pour les manger à belles dents, tout en médisant sur la bonté de leur cœur, sur leur cruauté envers leurs petits. Et cependant, on a pu se convaincre que les mères de lapins de garenne sont d'excellentes mères qui n'épargnent ni les soins, ni la fatigue pour disposer, creuser un terrier à leurs petits, dans lequel elles transportent des débris de végétaux feutrés avec les dents et artistement disposés en boule creuse, ouverte par le haut. Sur cette sorte de paillasse est ensuite appliquée une couche molle et chaude de fin duvet que la lapine porte sous le ventre. Elle se l'arrache elle-même, en ayant soin de dégarnir les mamelles qui vont entrer en fonctions et qui s'offriront librement à l'avidité des nouveau-nés.

Aussitôt le premier né apparu, elle le lèche afin de lui enlever toute humidité nuisible, afin d'empêcher qu'il ne prenne froid. Ainsi des autres, puis elle les allaite. Ces premiers soins donnés, elle abandonne le nid mais elle en bouche hermétiquement l'entrée, tant que les petits ont les paupières closes; mais lorsqu'ils commencent à voir, la mère y ménage une petite ouverture qu'elle agrandit de plus en plus à mesure qu'ils deviennent plus forts. L'allaitement est à peu près de vingt jours. L'heure à laquelle la lapine se rend auprès de ses petits est encore inconnue ; il est certain qu'elle ne les visite pas de la journée, et l'on suppose qu'elle ne va à son nid que le matin de très-bonne heure.

On a cru que la femelle ne cachait ainsi ses nourrissons que pour les dérober à la fureur du mâle. De Winckel affirme que c'est une erreur. Celui-ci ne les aime pas moins que sa compagne. Une fois sortis de leur nid, il les reconnaît, les prend entre ses pattes, leur lèche les yeux, leur lustre le poil, les instruit avec leur mère à chercher leur nourriture, et partage également entre tous ses caresses et ses soins. On dit même que ses rapports avec eux se prolongent au delà de leur enfance; qu'à leur tour ils apprennent bientôt à le connaître et ne cessent jamais de témoigner une sorte de déférence pour son autorité, une apparence de respect pour sa dignité paternelle et pour son âge.

Telles sont les mœurs douces, la tendresse maternelle et paternelle des lapins de garenne. Ces mœurs sont, comme on le voit, en tout conforme à la loi de nature qui veut que chez les animaux comme dans l'espèce humaine les pères et mères aiment leurs petits.

Mais, dira-t-on, comment expliquer que souvent on trouve dans leur nid de jeunes lapereaux morts?

Un auteur, Alexis Espanet, qui a écrit un livre sur l'éducation du lapin domestique, prétend que :

« L'instinct de la race *cuniculaire* impose une loi à toutes les femelles, d'après laquelle *elles chassent les petits sitôt qu'elles les trouvent assez forts pour se passer de leur lait*. Mais il arrive, dit-il, que certaines mères s'y prennent un peu trop tôt pour chasser leurs petits, et ceux-ci, ne pouvant fuir bien loin, sont quelquefois victimes des brutalités de leur mère. »

J'aime mieux l'explication que donne M. Gayot de la mort de jeunes lapereaux.

« La mère, dit-il, donne à teter à ses nourrissons d'après une méthode qui lui est propre. Quand elle juge à propos de satisfaire leur appétit, elle agrandit l'ouverture supérieure du nid et les découvre tous ; elle se place au-dessus d'eux sans pénétrer plus avant dans le berceau. Les lapereaux ont toujours soif ou faim ; stimulés par les bonnes senteurs du lait, ils se retournent vivement sur le dos, et soulevés comme par un mouvement de détente, ils saisissent avec une surprenante habileté les mamelles gonflées qui leur sont offertes. Les plus forts et les plus agiles, les plus gourmands peut-être, sont nécessairement les premiers servis ; les faibles et les débiles ne réussissent pas toujours à se hisser jusqu'au goulot de la bouteille. Ceux-là jeûnent et périssent cruellement de faim. De là vient sans doute qu'on trouve encore assez souvent dans les nids un ou deux lapereaux morts tout petits. »

« C'est, ajoute M. Gayot, la loi commune que les débiles succombent. Dans toutes les espèces, les jeunes passent par de premières épreuves qui emportent les chétifs, auxquelles les athlètes résistent. C'est le moyen qu'emploie la nature pour combattre toute tendance à l'abaissement, à la dégénération. L'espèce n'a que faire des pauvres, des mal constitués ; elle ne peut vivre, se perpétuer toujours égale que par les forts. »

Mais nous ferons remarquer que si la nature songe à l'espèce, le sentiment de la maternité n'y veille pas moins.

Il y a à cet égard une lutte continuellement engagée entre le père et la mère. Le père est continuellement entraîné par sa passion pour l'espèce, et la mère pour l'individu, et croyez bien que si des crimes se commettent dans le palais des jeunes lapins, il ne faut pas les attribuer à la mère. Ce n'est guère que dans l'espèce humaine et à l'état de société que les mères détruisent leur enfant.

Nous ferons remarquer enfin qu'il y a un grand criminel qu'on oublie d'accuser, c'est le rat, ce dévorant personnage ; il est aux plus jeunes lapereaux ce que le furet

Fig. 70. — Mort d'une hase allaitant ses petits.

est à l'espèce entière. Dès qu'un rat a découvert un nid de lapins, il en tue le plus qu'il peut. La mère a beau être d'une vigilance extrême, elle ne peut garder à la fois le dehors et le dedans de la rabouillère. A peine est-elle absente que l'ennemi est là, patient à l'attente et prompt à saisir l'occasion favorable d'assouvir ses appétits gloutons.

Les lapins domestiques montrent la même sollicitude pour leurs petits que les lapins de garenne, et tout ce que nous venons de dire de ceux-ci s'applique à ceux-là, à cette exception, cependant, que si des crimes se commettent, c'est parmi ceux qui ne vivent pas à l'état de liberté.

Oscar Honoré raconte qu'un chasseur fut un jour si ému par un tableau de l'amour maternel qu'il renonça pour toujours à la chasse. Ce chasseur voyant brouter un lièvre, tire et l'animal de fuir en boitant. Le chasseur arrive auprès d'un buisson, où il retrouve la pauvre mère, car c'était une hase couchée sur ses deux petits pendus à ses mamelles. La hase, épuisée par sa blessure, regardait ses petits, mais elle ne songeait plus à défendre son existence. Les levrauts, qui n'avaient pas trois jours, tétaient pour la dernière fois leur mère teinte de sang. Elle était déjà morte, et ils demandaient encore leur vie à son sein.

Le chasseur attendri recueillit les nourrissons et les emporta pour les élever; mais ce fut en vain. Ils moururent sans avoir pu, chétifs, avaler un autre lait que le lait maternel. A compter de cet événement, le chasseur cessa d'être chasseur.

LES RUMINANTS

Les ruminants vous les connaissez; ce sont : le bœuf, la vache, la chèvre, le mouton, le cerf, le daim, le chevreuil, le chameau, le chamois, la girafe, la gazelle, etc. Espèces éminemment utiles à l'homme et dans l'œil desquelles Dieu a écrit lui-même, dit Toussenel, la bonté, la placidité et l'insouciance. Cependant les ruminants sont essentiellement polygames : ainsi le bélier, le bouc, le taureau et presque tous les animaux de cette famille n'ont guère de véritable attachement de parenté ; le père ne s'affectionne pas aux petits ; la mère seule est chargée du soin de leur enfance. Il est vrai que ces animaux donnent naissance à un moins grand nombre de petits à la fois que les animaux monogames et que la mère suffit pour les nourrir et les soigner. Ajoutons que ces polygames, étant herbivores et marchant dès leur naissance, se trouvent plus tôt en état de se passer de leurs parents que les animaux carnassiers. La passion maternelle est telle chez les animaux que vous voyez dans la famille des ruminants la biche naturellement faible et timide s'offrir courageusement au péril qui menace ses petits, mais trahie bientôt par son impuissance, sa témérité, elle cède à la nécessité de fuir. Georges Leroy fait remarquer que, malgré ces différences, il est aisé d'observer que le courage des mères est porté au delà du soin de leur propre conservation. L'instinct qui veille sur la conservation de l'individu se tait quand se montre l'instinct qui veille sur la race. L'un connait la crainte, l'autre ne la connait pas. La femelle d'un animal en présence du danger qui la menace fuit même quand elle pourrait soutenir l'agression lorsqu'elle n'a point à défendre ses petits, mais si elle en est entourée, aussitôt elle combat. De timide qu'elle était, elle se fait audacieuse, et se précipite aveuglement sur son ennemi, sans calculer les chances que sa faiblesse laisse à son courage. Nous avons cité plus haut les animaux ruminants que De la Chambre a considérés comme les plus dévoués à leur famille. Nous allons par des exemples plus nombreux prouver sa thèse qui est aussi celle que nous soutenons.

LA VACHE.

La vache, cette providence des campagnes, cette nourrice du genre humain est une excellente mère. Il ne faut pas avoir assisté à la naissance d'un veau pour en douter. Pour moi qui plusieurs fois ai vu ce spectacle, j'ai admiré combien cette innocente créature parait émue quand pour la première fois surtout elle devient mère. Ses grands yeux pleins de tendresse regardent avec émotion son cher petit ; elle le lèche, l'admire, le lèche encore, le lèche toujours jusqu'à ce qu'il soit bien sec, qu'il ait reconnu sa mère et que tous deux s'aiment l'un par pur amour, l'autre par besoin si ce n'est par reconnaissance. Mais hélas ! cet amour est bientôt soumis à une cruelle épreuve. L'argent qui, en maintes circonstances, sert à unir les cœurs, ici ne tarde pas à les séparer. Au bout de quatre ou cinq semaines le malheureux veau est bon à manger, le cultivateur a compté sur le prix que pourrait bien lui en donner le boucher. Le parti en est pris, il faut l'enlever à son excellente mère, à son heureux regard. Et, ce jour-là, ce sont des gémissements, des cris de douleur, des beuglements dont vous n'avez pas idée. Pour certaines vaches, la séparation est tellement pénible qu'elles ne peuvent s'en consoler, elles en meurent de douleur, si l'on a pas eu soin de préparer leur cœur de mère à cette cruelle épreuve. La pauvre bête ne peut se révolter contre celui qui lui enlève son veau, la tendresse maternelle est rivée à la chaîne qui la tient attachée, c'est alors le chagrin qui la consume. A l'état de liberté, les choses se passent autrement. La tendresse et la prévoyance maternelle poussent les taureaux, les vaches et les bœufs à se réunir par escouade en présence du danger et leur inspire l'idée salutaire de placer les nouveau-nés au centre de leurs groupes circulaires présentant le front à l'ennemi.

La vache d'ordinaire si douce et si paisible devient très-redoutable lorsqu'elle est sur le point de vêler, c'est ce qu'on a surtout constaté pour les vaches camargues ou des Bouches-du-Rhône. Mais ce qu'il y a de plus remarquable, dit Brehm, c'est qu'elles usent de toutes sortes de moyens pour tromper la surveillance de leurs gardiens, afin qu'ils ne s'aperçoivent pas du lieu où elles vont déposer leur progéniture. C'est ordinairement dans quelque gros buisson ou dans quelque fourré qu'elles le cachent. C'est là que, selon l'expression vulgaire, elles endorment leurs veaux; mais malheur à celui que le hasard amènerait auprès de la retraite qu'elles ont choisie! Il arrive parfois des accidents fâcheux aux chasseurs imprudents qui laissent leurs chiens s'avancer au milieu d'une troupe de veaux; les chiens poursuivis par eux dans le but de s'amuser, viennent tout naturellement se réfugier auprès de leur maître, et c'est alors que les mères, craignant quelque danger pour leurs petits, arrivent en toute hâte.

Il ne reste plus au chasseur que deux partis à choisir : ou de s'échapper par la vitesse de sa course, ou de chercher à s'emparer d'un veau, de le renverser et de lui attacher les jambes avec son mouchoir, de manière qu'il ne puisse pas courir, et que la mère en arrivant s'occupe de débarrasser son petit au lieu de poursuivre le chasseur.

Pendant la guerre, une grande quantité de vaches furent enlevées par l'ennemi dans les fermes. Le barbare vainqueur n'y regardait pas de si près, non-seulement il s'attribuait les meilleures en qualité de maître, il prenait également les pauvres bêtes qui avaient des veaux, il les arrachait à leur cher nourrisson. Une fermière, ma parente, avait une vache qui était tellement furieuse d'être ainsi emmenée par les Allemands, qu'elle ne voulait pas quitter son étable, elle mugissait à fendre l'âme. Les Allemands la frappaient, elle tombait sur les genoux. Les coups de crosse de fusil ne suffisant plus, les barbares employèrent la baïonnette et lui ensanglantèrent les jambes. Contre la force il n'y a pas de résistance, la pauvre bête dut céder à la brutalité allemande. On l'entraîna, on la poussa, on la bouscula ainsi pendant plusieurs jours. La mère désolée beuglait sans cesse après son cher nourrisson. Enfin, ne pouvant supporter davantage cette séparation, elle profita un beau moment de l'absence de ses gardiens, elle partit à toutes jambes par la campagne et n'ayant d'autre guide que son amour maternel, elle revint à la ferme. Elle était triste, amaigrie, épuisée de douleur et de fatigue, sa queue était coupée, son dos meurtri de coups et encore saignant de blessures ; elle n'en pouvait plus, mais, quand elle fut dans la cour de la ferme, oubliant maux et fatigue, elle se précipita rapidement dans l'étable, alla droit à sa place, y vit son cher abandonné qui semblait ne plus la reconnaître, mais elle lui prodigua de telles marques d'affection, elle lui fit si bien comprendre dans son langage qu'elle était sa mère que, malgré tous les changements que la souffrance avait apportés dans ses traits, il parut la reconnaître à la joie qu'il témoigna ensuite. Une autre personne n'eut pas moins de bonheur, ce fut la fermière, qui revoyait sa vache, grâce à l'amour maternel qui avait fait retrouver à la pauvre bête le chemin de l'étable, elle n'avait plus de lait à donner, ses mamelles étaient taries mais sa tendresse était inépuisable ;. pendant plusieurs jours elle ne cessa de lécher, de regarder celui qu'elle avait cru perdu pour toujours.

L'amour maternel des brebis domestiques est si bien connu que si une mère témoigne de l'indifférence pour sa progéniture, les bergers en concluent qu'elle va mourir. On a même vu des brebis proportionner leur tendresse maternelle à la faiblesse de leurs petits, et leur prodiguer d'autant plus de soins, que celui-ci semblait disgracié par la nature.

Les chèvres témoignent aussi beaucoup de tendresse à leurs chevreaux. Elles sont de si bonnes nourrices qu'on s'en sert quelquefois pour allaiter des animaux beaucoup plus gros qu'elles. Un poulain qui avait perdu sa mère, fut confié aux soins d'une chèvre, qu'on plaçait sur un baril pour que le nourrisson pût téter avec plus d'aisance. Le poulain suivait sa mère adoptive dans le pré ; la chèvre veillait sur lui avec la plus tendre sollicitude, l'appelant par ses bêlements toutes les fois que le jeune cheval s'éloignait d'elle.

Il y a des exemples de chèvres qui se sont attachées à des enfants ; non-seulement elles leur donnaient le sein avec une patience remarquable chez un animal si remuant, mais encore elles les cherchaient aux heures de lactation et venaient offrir d'elles-mêmes leurs services.

Un enfant avait été nourri à la campagne par une chèvre ; les parents ayant résolu de retourner à la ville, vendirent la chèvre et partirent avec l'enfant par une diligence de nuit. Vers neuf heures, l'enfant mal sevré fit entendre des cris : c'était l'heure où il prenait habituellement son

Fig. 70. — Un poulain et sa nourrice.

souper au pis de sa nourrice. La mère alors eut des regrets. « Oh! dit-elle si nous n'avions pas vendu Fanchette! » Vous devinez que Fanchette était le nom de la chèvre. Soudain un bêlement lointain et plaintif frappe les oreilles du père et de la mère. C'était Fanchette qui ayant réussi à s'échapper des mains de son nouveau maî-

Fig. 71. — C'était Fanchette.

tre, suivait l'enfant, et qui ne tarda point, la diligence s'étant arrêtée, à poser ses pattes sur la portière et à passer sa tête dans la voiture. Qui fut le plus heureux se demande le docteur Franklin, auteur de ce récit, de l'enfant qui avait retrouvé la nourrice ou de la nourrice qui avait retrouvé son nourrisson?

CERFS, DAIMS ET CHEVREUILS.

Entre les animaux dont la manière de vivre est la même et qui n'ont que des moyens semblables, les plus faibles doivent toujours être les plus rusés, parce que la ruse n'est nécessaire qu'où la force manque. C'est d'après cette idée que Georges Leroy démontre que des animaux inoffensifs cherchent à se défendre ainsi que leurs petits.

Le daim, dit-il, qui est à peu près de même nature que le cerf et qui a beaucoup moins de vitesse et de force, emploie pour se défendre les mêmes moyens et les emploie beaucoup plus tôt. Le chevreuil se sert aussi des mêmes ruses et les multiplie encore plus. Son agilité naturelle le servirait bien s'il n'avait pas le désavantage de laisser des voies chaudes que les chiens chassent avec beaucoup d'ardeur. Le chevreuil a d'ailleurs avec une forme extérieure assez ressemblante à celle des deux autres, des inclinations particulières qui annoncent une supériorité d'instinct. Le mâle et la femelle ordinairement frère et sœur d'une même portée vivent ensemble et se montrent un attachement réciproque qui ne cesse que par la mort de l'un d'eux, cependant ils ne peuvent se servir de rien l'un à l'autre quant aux besoins communs de la vie, ils vivent avec leur famille jusqu'à ce qu'elle même soit en état d'en produire une nouvelle. Ainsi l'on voit toujours les chevreuils dans une union successivement fraternelle ou conjugale ou bien en famille, c'est-à-dire le père et la mère avec deux ou trois petits.

La tendresse maternelle est à peu près la même dans ces espèces et se marque par les mêmes caractères : Inquiétude tendre et courageuse qui les fait courir au devant des chiens pour les écarter de la progéniture, fuite simulée et retour ensuite lorsque le péril est éloigné ; mais partout le courage est en raison des moyens et des forces et les ruses sont en raison de la faiblesse.

De Winckell rapporte que quand la biche est sur le point de donner naissance à ses petits, elle cherche du

Fig. 72. — Le daim.

repos et de la solitude dans les fourrés. Pendant les trois premiers jours les faons sont faibles et ne peuvent bouger de place. La mère les quitte peu même lorsqu'elle est effrayée, elle ne s'éloigne qu'autant qu'il faut pour fuir le danger. Elle atteint son but avec beaucoup d'adresse, surtout si c'est un chien ou un carnassier qui se montre. Malgré sa timidité habituelle, elle ne le fuit que lentement, détourne et trompe ainsi l'ennemi en attirant sur elle son attention. A peine celui-ci est-il éloigné de son faon qu'elle retourne en toute hâte à l'endroit où elle l'a laissé.

La femelle du cariacou, décrite par Buffon sous le nom de cerf de la Lousiane ou de Virginie, cache son petit nouveau-né sous un buisson épais ou dans des herbes élevées, elle vient le visiter plusieurs fois par jour, surtout le matin, le soir et pendant la nuit. Plus tard elle l'emmène avec elle. Les jeunes faons, âgés de quelques jours dorment si profondément qu'on peut souvent les prendre sans qu'ils s'aperçoivent de l'approche de l'homme. Ils s'apprivoisent facilement et quelques heures suffisent pour qu'ils s'attachent à leurs maîtres.

La chevrette cherche également à mettre sa progéniture à l'abri des ennemis qui la menacent, au moindre signe de danger, elle l'avertit en frappant du pied ou en poussant un cri particulier. Les faons, s'ils sont tout jeunes se tapissent à terre, plus tard ils fuient avec leur mère. Lorsqu'ils ne peuvent l'accompagner, elle cherche à détourner l'ennemi en l'attirant sur elle. Lui enlève-t-on un petit? elle suit longtemps le ravisseur, court de côté et d'autre, appelle, et se montre pleine d'inquiétude.

Cette tendresse maternelle, a plus d'une fois touché de Winckel et lui a fait remettre en liberté le faon qu'il avait enlevé, la mère pour l'en récompenser examinait soigneusement si rien n'était arrivé à son nourrisson; elle témoignait par ses caresses et ses gambades toute la joie qu'elle éprouvait à le retrouver sain et sauf.

A huit jours, les petits accompagnent leur mère au pâturage; à dix ou douze jours, ils sont assez forts pour la suivre. Elle retourne alors avec eux à son ancien canton, elle appelle le père et les faons l'accompagnent de leurs bêlements; quand il arrive, elle le caresse tendrement, et témoigne ainsi le plaisir qu'elle a de le revoir.

La femelle du daim n'est pas moins attentive à protéger sa progéniture, elle chasse les petits carnassiers en les frappant avec ses pattes de devant; quant aux plus grands, elle court lentement devant eux pour les attirer loin de l'endroit où son petit est caché, puis elle fuit rapidement et revient à son ancienne demeure après mille crochets et détours.

LES MARSUPIAUX

Les marsupiaux ou didelphes forment, parmi les mammifères, une famille très-curieuse. Les divers animaux qui la composent sont très-différents entre eux par leur forme extérieure, par leur mode de locomotion. De plus, les uns sont carnivores, les autres insectivores, frugivores ou herbivores, mais tous ont une double gestation : l'une à l'intérieur du corps de la femelle, l'autre dans la poche où sont placées ses mamelles. Ces animaux à bourse forment, comme nous le verrons, par l'ensemble de leur structure une transition, entre les vivipares et les ovipares, et généralement on les classe au bas de l'échelle des mammifères. Quant à nous, nous ne les rangerons pas si bas ; car les marsupiaux représentent essentiellement pour nous l'affection maternelle. Greffés à la destinée de la mère, à ses organes mêmes, les petits trouvent après la naissance, dans les mamelles la nourriture et la chaleur dont ils ont besoin pour se développer; dans la poche, un lieu de refuge contre les dangers.

Chez tous les marsupiaux, le petit, est mis au monde prématurément et dans un état de débilité tel qu'il ne tarderait pas à périr, si la mère ne le recueillait dans la poche enveloppant ses mamelles ou dans le repli cutané qui, chez d'autres espèces, protége ces glandes. Chez les grands marsupiaux, ceux qui sont presque aussi grands que le chat, le petit qui vient de naître n'est guère plus gros qu'un grain de café; son corps est entièrement nu, et il n'a encore aucune force. Quand sa mère l'a attaché à ses mamelles, il y reste fixé jusqu'à ce qu'il ait atteint le développement qui caractérise les monodelphes au moment de leur naissance. Alors, dit Gervais, il peut quitter le mamelon ou le reprendre à volonté ; il avance de temps en temps sa tête jusqu'à l'ouverture de la poche, quitte même momentanément cette dernière comme le petit mammifère ou le jeune oiseau quittent leur nid, et il y revient chercher un abri au moindre danger dont il est menacé.

Ce n'est pas, comme on pourrait le croire, par une force intérieure, par une action musculaire plus ou moins énergique que s'effectue le transport du jeune dans la bourse marsupiale. D'après les expériences d'Owen, l'anatomiste anglais, la mère elle-même les y attire, en les saisissant avec ses lèvres. Voici comment elle procède en cette circonstance.

Appliquant avec force les deux pattes de devant sur les bords de la poche, elle tire ces bords en sens contraire pour les distendre et agrandir l'ouverture, comme on le fait pour desserrer une bourse. Elle introduit ensuite son museau dans la poche et, se couchant à terre, pour se mettre dans la position la plus favorable, elle extrait le petit qui a parcouru la première phase de son existence. Puis, sans jamais se servir de ses membres, elle le transporte sur l'une de ses mamelles, qu'il ne pourrait atteindre lui-même, et l'y maintient jusqu'à ce qu'il ait saisi la tetine. Arrivé à ce point, le jeune n'a plus besoin du secours maternel ; il n'en peut être séparé que par une violence extérieure. Toutefois il n'est pas encore capable de se sustenter par ses seules forces, c'est-à-dire qu'il lui est impossible d'aspirer le lait par lequel doit s'accomplir sa nutrition. Pour obvier à cette cause de dépérissement, la femelle est pourvue d'un muscle dont les contractions sur la mamelle déterminent l'injection du lait dans la bouche du jeune.

Par ce qui précède on voit que la différence essentielle

des marsupiaux et autres mammifères consiste en ce que leurs petits exigent une nutrition mammaire à une époque beaucoup moins avancée de leur développement. Les os marsupiaux et la bourse que supportent ces os ne sont que des conséquences de cette nécessité.

Pendant la seconde période de la gestation, l'organisation se complète, le nouvel individu se rapproche de plus en plus de sa forme et de sa constitution définitives. Chez le kanguroo, les poils paraissent au sixième mois. Dès le commencement du huitième, le jeune kanguroo, dit Figuier, met fréquemment le nez à la portière, c'est-à-dire sort la tête de la bourse marsupiale et prélude à sa prochaine et véritable existence, en broutant çà et là l'herbe tendre. Enfin il fait son entrée dans le monde, et hasarde quelques sauts timides à la suite de sa mère. Il commence à vivre sous sa propre responsabilité; mais pendant quelque temps encore il retournera à son premier asile, soit pour y trouver un refuge en cas de danger, soit pour suppléer par le lait maternel à l'insuffisance de nourriture que ses forces débiles lui ont permis de se procurer. On peut voir alors teter à la fois et de grands enfants à peu près émancipés, et de faibles créatures provenant de portées plus récentes et fixées à leurs mamelles respectives. C'est en raison de cette circonstance que les femelles des marsupiaux possèdent toujours un nombre de mamelles supérieur à celui des petits de chaque portée.

Les femelles adultes qui portent leur petit dans leur poche, le défendent à l'occasion avec un admirable courage. Blessées, elles fuient, emportant leur jeune dans cette poche et ne l'abandonnent pas avant que, accablées de fatigue et exténuées par la perte du sang, elles soient tout à fait incapables de le transporter plus loin. Alors elles s'arrêtent, et se dressant sur leurs pattes de derrière, elles aident avec leurs pattes de devant le jeune à sortir de la poche. Puis elles essayent pour ainsi dire de le diriger vers l'endroit où il peut trouver les meilleurs moyens de fuite. Ainsi allégées, elles continuent leur course avec autant de rapidité que le leur permet le système de locomotion dont elles sont douées par la nature. Si la chasse se ralentit ou est abandonnée, on les voit retourner vers le buisson qui protége leur petit. Là, elles l'appellent et le caressent affectueusement, comme pour dissiper ses alarmes, puis elles le reçoivent de nouveau dans leur poche, et, fières de leur tendre fardeau, elles cherchent quelque autre jungle à l'abri des poursuites du chasseur. De semblables preuves d'intelligence et d'affection, mais encore plus touchantes, sont données par les pauvres mères lorsqu'elles se sentent mortellement blessées. Tous leurs soins sont alors dirigés vers la conservation de leur progéniture. Au lieu de chercher à se sauver elles-mêmes, elles se tiennent fermes et immobiles sous les coups du chasseur, et leurs derniers efforts sont consacrés à assurer le salut de leurs petits.

Parmi les marsupiaux du nouveau monde, la sarigue, qui met bas dix à quinze petits par portée, est une excellente mère dont l'amour maternel a été admirablement décrit par Florian, dans sa fable : *la Mère, l'Enfant et les Sarigues*, dédiée à madame de la Briche.

Nous en extrayons le passage suivant :

Maman, disait un jour à la plus tendre mère
Un enfant péruvien, sur ses genoux assis,
　Quel est cet animal qui, dans cette bruyère,
　　Se promène avec ses petits ?
Il ressemble au renard. — Mon fils, répondit-elle,
　　Du Sarigue c'est la femelle.
　　Nulle mère pour ses enfants
N'eut jamais plus d'amour, plus de soins vigilants.
La nature a voulu seconder sa tendresse,
　　Et lui fit, près de l'estomac,
Une poche profonde, une espèce de sac,
　Où ses petits, quand un danger les presse,
　　Vont mettre à couvert leur faiblesse.
Fais du bruit, tu verras ce qu'ils vont devenir.
L'enfant frappe des mains ; la Sarigue attentive

Se dresse, et d'une voix plaintive
Jette un cri : les petits aussitôt d'accourir
Et de s'élancer vers la mère,
En cherchant dans son sein leur retraite ordinaire.
La poche s'ouvre, les petits
En un moment y sont blottis,
Ils disparaissent tous ; la mère avec vitesse
S'enfuit, emportant sa richesse.
La Péruvienne alors dit à l'enfant surpris :
— Si jamais le sort t'est contraire,
Souviens-toi du Sarigue ; imite-le, mon fils :
« L'asile le plus sûr est le sein d'une mère. »

LES INSECTIVORES

La famille des insectivores nous fournit de beaux exemples d'amour maternel. La *taupe*, que les jardiniers et les cultivateurs poursuivent à outrance, est une épouse fidèle et une excellente mère ; c'est aussi un animal habile dans l'art de construire son nid. Nous avons bien des fois répété que la confection du nid est un indice certain de l'amour maternel. Ici, il faut absolument s'en rapporter au nid; car la taupe vivant souterrainement, il est impossible de savoir quelles sont les manifestations de tendresse maternelle de cet animal ; nous ne pouvons que les préjuger par l'attention que met la mère à préparer à sa famille un lit commode. Le domicile où elle fait ses petits est édifié avec une intelligence et des précautions infinies ; toute l'industrie des autres animaux n'offre rien de plus solide ni de plus recherché. Nous ne reproduirons pas cette description, tant de fois répétée, mais nous ferons remarquer que tant que la taupe a ses petits, qu'elle allaite à la façon des rats et des souris, elle ne s'écarte jamais de son domicile ; et la manière la plus simple et la plus sûre de la prendre avec sa famille, est de faire autour du nid une tranchée qui l'environne en entier et qui coupe toutes les communications. Mais comme la taupe fuit au moindre bruit, et qu'elle tâche d'emmener ses petits, il faut trois ou quatre hommes qui, travaillant ensemble avec une bêche, enlèvent la demeure tout entière.

La *musaraigne*, elle, se bâtit un nid avec de la mousse, de l'herbe, des feuilles, etc.; elle le place dans le trou d'un mur ou sous des racines ; elle y pratique plusieurs ouvertures latérales, le rembourre bien mollement et, en mai, juin ou juillet, elle y met bas de cinq à dix petits, qui viennent au monde nus, les yeux et les oreilles fermés. Au commencement, elle leur témoigne beaucoup d'attachement ; mais, peu à peu, sa tendresse languit, et les petits se mettent eux-mêmes en quête de nourriture.

Le *hérisson* est encore un insectivore qui aime sa progéniture. Plutarque trouve ingénieuse sa sollicitude pour ses petits. « En automne, dit-il, il glisse sous les vignes. Avec ses pattes il secoue les ceps, dont les grains tombent à terre ; alors il se roule dessus et il les prend les uns après les autres au bout de ses piquants. Un jour, ajoute-t-il, que nous étions tous réunis, nous eûmes occasion de voir ce manège ; il nous sembla voir une grappe de raisin qui rampait ou qui marchait, tant l'animal cheminait garni de grains de raisin ! » Le hérisson se glisse ensuite dans son trou, met ses petits à même de prendre et de butiner sur sa propre personne. La tanière de cet animal présente deux ouvertures, dont l'une regarde au midi, l'autre au nord. S'il pressent que la température va changer, il opère, comme les marins, un changement de manœuvre : il ferme l'ouverture qui est du côté du vent et il ouvre l'autre.

La femelle met bas de trois à huit petits sur une couche grande, bien rembourrée, sous une haie, un tas de feuilles ou de mousse, ou dans un champ de blé ; elle leur prodigue les soins les plus assidus et leur apporte de bonne heure des vers, des limaces, des fruits tombés des arbres, et le soir elle les emmène avec elle.

LES ÉDENTÉS

Les édentés sont des mammifères qui ne sont point, comme leur nom l'indique, complétement privés de dents. La vérité est qu'ils manquent d'incisives. Les fourmiliers seuls justifient leur dénomination d'édentés, car ils n'ont aucune dent. En revanche, les édentés ont des pieds énormément développés, avec de larges griffes le plus souvent recourbées, qui leur servent pour fouiller la terre, mettre en pièces les demeures des insectes dont ils font leur nourriture, et pour grimper aux arbres. Leurs habitudes et leur régime alimentaire sont très-différents suivant les familles : les uns se nourrissent de végétaux, les autres de substances animales; ceux-ci habitent des terriers, ceux-là vivent sur les arbres. Ces animaux ont en général peu d'intelligence, et peu d'activité; il ne faut donc pas leur demander un amour maternel très-développé; il existe néanmoins. La femelle met bas un seul petit qui naît avec tous ses poils et des ongles assez développés dont il se sert pour se cramponner aux flancs de sa mère, pendant que, d'un autre côté, il lui embrasse le cou avec ses bras. Celle-ci le porte partout avec elle. Dans les premiers temps elle semble avoir pour lui une vive affection, mais bientôt cet amour semble se refroidir, et c'est à peine alors si elle pense à le nourrir et à le nettoyer. On dirait qu'elle ne reconnaît son petit que quand elle le touche ou qu'il trahit sa présence par ses cris; souvent elle reste plusieurs jours sans manger, mais elle n'en continue pas moins à allaiter son petit, qui se cramponne à elle comme elle se cramponne à la branche. Elle le porte dans tous les endroits où elle va, même lorsque son nourrisson a acquis une force suffisante pour se promener lui-même çà et là et pourvoir à ses besoins.

18

En 1868, j'ai vu au Jardin des Plantes deux fourmiliers dont un petit âgé d'un an et un grand de quatre ans, donnés par un Français, M. Buchintal, riche propriétaire à Montévidéo. Le petit fourmilier était charmant, il jouait avec le petit garçon du gardien, se laissait caresser par lui, ne lui faisait jamais aucun mal, il le suivait comme un petit chien. La douceur de mœurs de ce jeune animal prouvait bien qu'il n'avait pas dû être élevé par une mauvaise mère.

LES CARNIVORES

Les carnivores, leur nom l'indique, se nourrissent essentiellement de chair. On serait tenté de croire qu'étant plus féroces que les ruminants ils sont moins susceptibles d'amour maternel.

Le tigre, le lion, l'hyène, sont sensibles aux bienfaits; ils reconnaissent celui qui les soigne, ils s'attachent à lui d'une affection sûre. Cent fois, l'apparente douceur d'un herbivore a été suivie d'un acte de brutalité, presque jamais les signes extérieurs d'un animal carnassier n'ont été trompeurs; s'il est disposé à nuire, tout dans son regard et dans son geste l'annonce, et il en est de même si un bon sentiment l'anime.

Les animaux herbivores, du moins certains d'entre eux surtout les ruminants quand ils ont la force, sont donc au fond, d'une nature plus intraitable que les carnivores, c'est que leur intelligence est beaucoup plus grossière, beaucoup plus bornée.

Il y a chez eux moins de naturel, et jamais le naturel des animaux ne se manifeste plus complétement que dans les efforts qu'ils font pour conserver leurs petits, ou pour leur apprendre à se conserver eux-mêmes et pour les instruire.

La louve, dit G. Leroy, apprend à ses petits à attaquer les animaux qu'ils doivent dévorer.

La chatte exerce ses petits à la chasse. Elle commence par étourdir d'un coup de dents une souris : l'animal, quoique blessé, court encore et les petits après elle. La chatte est toujours attentive, et si sa proie menace de s'échapper, la chatte s'élance d'un bond sur elle.

Nous n'avons pas remarqué tant d'intelligence dans l'amour maternel des ruminants; ils sont il est vrai polygames et par conséquent, n'ont guère de véritable attachement de parenté, et le père ne porte pas grande affection à ses petits ; il n'en est pas de même chez les carnassiers qui sont monogames. Il était nécessaire qu'une tigresse, qu'une ourse ou une louve fussent aidées de leurs mâles pour trouver une proie suffisante à un nourrisson de leur jeune famille; car les petits carnivores ne peuvent subsister par eux-mêmes de la chasse tandis que les autres animaux vivent de fruits ou d'herbes. Aussi les carnassiers demeurent-ils plus longtemps en famille.

De plus, les carnassiers étant monogames produisent une plus nombreuse lignée ; il en résulte que chez les animaux, comme dans l'espèce humaine, la fécondité semble attachée à la monogamie. Remarquons, en outre, que ces animaux, vivant la plupart à l'état de liberté, ont des instincts plus vifs, moins corrompus que ceux des animaux domestiques. Chez eux, l'amour maternel a tous les caractères d'une véritable passion ; c'est, du reste, ce que de La Chambre avait déjà fait observer.

Les petits des carnassiers, excepté ceux du lion, sont aveugles en venant au monde ; ils restent assez longtemps faibles et misérables, puis se développent assez rapidement.

La mère fait leur éducation, les accompagne et les défend aussi longtemps qu'ils ne peuvent se suffire à eux-mêmes. En cas de danger, quelques espèces emportent leurs petits dans les pattes ou sur le dos, mais la plupart les saisissent avec les dents.

LES MUSTÉLIENS

La famille des mustéliens est formée de carnivores de petite taille au corps bas et allongé. Le nom de vermiformes donné à plusieurs d'entre eux, tels que les loutres, les putois et les martres, rappelle cette conformation particulière.

Les loutres sont essentiellement organisées pour la vie aquatique. Leurs pieds palmés révèlent cette destination. On les rencontre au bord des lacs et des rivières. Cet animal est très-féroce et détruit plus qu'il ne dévore ; il enlève la tête de ses victimes et laisse le reste : il cause ainsi de grands dégâts dans les rivières.

Le mâle et la femelle sont très-attachés à leur progéniture. Ils ne quittent jamais leurs petits ; ils se laissent mourir de faim quand on les leur enlève et rendent le dernier soupir à l'endroit où ces chères créatures ont été détruites.

La femelle produit seulement un petit à la fois ; celui-ci tette pendant une année et jusqu'à ce qu'il choisisse une compagne. Le mariage est durable ; durables aussi sont les sentiments sur lesquels il s'appuie. Les parents portent volontiers leurs petits entre leurs dents et jouent avec eux, les jettent en l'air et les rattrapent entre leurs bras. Jusqu'à ce que les enfants sachent nager, les vieux les prennent dans leurs pattes de devant et les mettent sur leur dos, pendant qu'ils traversent ainsi chargés les eaux à la nage. Telles sont les mœurs des loutres de mer, qui sont très-affectueuses, s'embrassent les unes les autres en jouant à la surface des eaux.

Les petits de la loutre commune se montrent vers le commencement d'avril. Ils sont généralement au nombre de quatre. La mère les soigne avec beaucoup de tendresse et d'assiduité. L'affection de la femelle pour ses jeunes est si grande, que souvent elle se fait tuer plutôt que d'abandonner sa progéniture. Quand les petits sont enlevés à la mère, celle-ci suit le ravisseur et témoigne sa douleur par des cris qui ressemblent à la voix humaine. « J'avais, raconte le professeur Steller, privé une loutre de sa portée. Huit jours après, je retrouvai la mère assise près de la rivière dans une attitude de langueur et de désespoir. Elle se laissa tuer sur place sans faire aucune tentative de fuite. En la dépouillant, je reconnus qu'elle était tout amaigrie par la douleur que lui avait causée la perte de ses petits. Une autre fois je vis une vieille femelle, dormant à côté de son jeune âgé d'environ un an. Aussitôt que la mère nous vit, elle éveilla son enfant et l'engagea à se jeter dans la rivière. Le petit ne suivit point l'avis qui lui était donné, il semblait enclin à prolonger son sommeil. Elle le prit alors dans ses pattes de devant et le plongea dans l'eau. »

LES FÉLINS

LA LIONNE

A tout seigneur tout honneur. Commençons par la lionne. Cette bête sauvage devenue mère manifeste un changement complet dans son caractère et dans sa conduite. Pour comprendre les causes de cette modification, il faut savoir à quel degré d'excitabilité ces animaux-là portent le sentiment maternel. L'ardeur avec laquelle ils aiment leurs petits, leur rend alors odieuses toute contrainte et toute indiscrétion de la part de l'homme.

La lionne, à partir du jour où elle donne naissance à ses petits, ne souffre même plus chez ses gardiens la moindre familiarité. Elle donne souvent carrière à toute la violence de ses passions. Occupée uniquement de pourvoir à la sécurité de sa progéniture, elle s'imagine que

Fig. 75. — La lionne et ses petits.

toute personne ou tout objet qui s'approche de sa loge a l'intention de lui voler son trésor.

Sur ce trésor, elle veille, la pauvre mère, avec une anxiété qui lui ôte jusqu'au sommeil. Il est vraiment intéressant de l'observer : la tendresse maternelle dans toute sa beauté, mais dans toute son effrayante véhémence se peint sur sa large face où dominent ensuite tous les traits d'une férocité sauvage. Ces deux sentiments, l'amour et la défiance accentués chacun avec une force et une vigueur qu'on ne retrouve plus dans aucune autre créature au même degré forment un contraste sublime.

M. Figuier, dans son livre sur les mammifères, prétend que le lion a la déplorable habitude de dévorer ses enfants lorsqu'ils viennent au monde, et c'est pourquoi la lionne recherche dans un lieu écarté quelque cachette inaccessible pour mettre bas. Cette mère prévoyante a soin par surcroît de précaution d'embrouiller les voies aux alentours. Elle allaite les lionceaux pendant six mois, ne les quittant guère que pour aller se désaltérer ou pour se procurer la nourriture quand le mâle n'a pu y pourvoir. Après le sevrage, elle les emmène à la *chasse en compagnie du père.*

Je doute fort que M. Figuier ait vu ce père dénaturé dévorer, comme Saturne, ses enfants. Ce fait me paraît contraire à la nature, surtout chez un animal qui vit à l'état de liberté et qui n'a qu'à le vouloir pour manger autre chose que la chair de son sang. Du reste, les naturalistes et les voyageurs disent, au contraire, que le lion aide la lionne à protéger ses petits. Ainsi quand elle est obligée de les abandonner momentanément, elle les met en toute confiance sous la garde du lion qui, au besoin, sait les défendre avec un dévouement extrême. Et nous ne saurions mieux faire pour protester contre l'affirmation de M. Figuier que d'en appeler à l'autorité de J. Gérard qui a eu plus d'une fois l'occasion d'observer des lions :

« D'après ce que j'ai pu voir dit-il, le lion à moins d'y être contraint, ne quitte jamais sa compagne et a pour elle des soins et des égards continuels.

« Depuis le moment où le couple léonin quitte son repaire jusqu'à la rentrée, c'est toujours la lionne qui va devant. Lorsqu'il lui plaît de s'arrêter, le lion fait comme elle.

« Arrivent-ils près d'un douar qui doit fournir le souper, la lionne se couche, tandis que son époux s'élance bravement au milieu du parc et lui apporte ce qu'il a trouvé de meilleur. Il la regarde manger avec un plaisir infini tout en veillant à ce que rien ne puisse la déranger ni la troubler pendant son repas, et il ne pense à assouvir sa faim que lorsque sa compagne est repue. En un mot il n'y a pas de tendresse qu'il n'ait pour elle.

« Durant les premiers jours qui suivent la naissance des petits, la mère ne les quitte pas un seul instant et le père pourvoit à tous ses besoins. Ce n'est que quand les enfants ont atteint l'âge de trois mois et passé la crise de la dentition, mortelle pour un grand nombre de jeunes lionceaux, que la mère les sèvre en s'éloignant chaque jour pendant quelques heures et leur donnant de la chair de mouton soigneusement dépouillée et déchiquetée par petits morceaux.

« Le lion, dont le caractère est très-grave, quand il devient adulte, n'aime pas à rester près de ses enfants qui le fatiguent de leurs jeux. Afin d'être plus tranquille, il se fait une demeure dans le voisinage pour être à même de venir au secours de sa famille en cas de besoin.

« A l'âge de quatre ou cinq mois, les lionceaux suivent leur mère la nuit jusqu'à la lisière du bois ou le lion leur apporte le dîner.

« A six mois, par une nuit bien noire, toute la famille change de repaire, et depuis cette époque jusqu'au moment où ils doivent se séparer de leurs parents, les petits voyagent constamment. »

Je ne vois pas dans tout ce récit comme dans tous ceux que j'ai lus que le lion dévore ses enfants. Cela est d'autant plus invraisemblable, que plus un animal aime sa compagne, plus aussi il aime ses petits.

TIGRESSE

Comme la lionne, la tigresse ressent pour ses petits une véhémente affection et les défend contre tous au péril de sa vie. Elle les cache de même pour les soustraire à la voracité du mâle. Telle est encore l'opinion de M. Figuier. Il est vrai que Buffon a émis le même sentiment à l'endroit du tigre qui n'a, dit-il, pour tout instinct qu'une rage constante, une fureur aveugle qui ne connaît, qui ne distingue rien et qui lui fait souvent dévorer ses propres enfants et déchirer leur mère lorsqu'elle veut les défendre. On sait aujourd'hui que les magnifiques descriptions de Buffon sont quelquefois entachées d'inexactitudes.

Les naturalistes modernes ont émis des opinions bien différentes à ce sujet. Le docteur Franklin affirme que même à l'état sauvage, le tigre a quelques bonnes qualités. Il aime ses petits. La tigresse est une excellente mère. Bravant tous les dangers pour défendre la sécurité de sa progéniture, elle attaque furieusement, à cause de ses petits, l'homme et les animaux.

Le capitaine Williamson rapporte que, durant son séjour aux Indes, on lui présenta deux très-jeunes tigres. Les gens du district en avaient trouvé quatre de la même portée, en l'absence de la tigresse. Les deux qu'on donna au capitaine furent placés dans une étable où ils firent entendre des cris éclatants pendant plusieurs nuits. La mère à qui on avait ravi ses petits, arriva enfin, répondant à leurs cris par de terribles mugissements. On fut obligé de mettre les jeunes tigres en liberté dans la crainte que la tigresse, rendue furieuse ne s'introduisît par voie d'effraction dans les étables. Le matin, suivant on chercha les petits, mais on ne les trouva plus ; la mère les avait emportés.

S'il est vrai que le tigre soigne avec beaucoup moins de sollicitude ses petits que la mère, il n'en est pas moins certain qu'il lui vient en aide pour défendre ses nourrissons lorsqu'ils sont en danger. Dans cette circonstance, la mère montre dans son amour un courage, une audace, une vigueur dont les animaux qui vivent à l'état de liberté sont seuls capables, elle brave tous les périls,

Fig. 74. — La mère les avait emportés.

elle suit les ravisseurs, les force de lâcher d'abord un de ses petits, elle s'arrête, le saisit, l'emporte pour le mettre à l'abri, revient à la charge quelques instants après et les poursuit jusqu'à ce qu'ils lui aient rendu tous ses jeunes, et si elle perd tout espoir de sauver sa famille, alors des cris forcenés et lugubres, des hurlements affreux expriment sa douleur cruelle et font frémir ceux qui les entendent.

Le léopard d'Afrique ou grande panthère est également

très-redoutable, surtout lorsque cette bête est devenue mère, il est difficile d'imaginer plus d'audace en même temps que de prudence pour défendre ses petits.

LA CHATTE

Encore une excellente mère que les naturalistes ont calomniée aussi bien que le chat. Écoutez en effet Buffon lui-même : « Comme les mâles sont sujets à dévorer leur progéniture, les femelles se cachent pour mettre bas, et lorsqu'elles craignent qu'on ne découvre ou qu'on n'enlève leurs petits, elles les transportent dans des trous ou dans d'autres lieux ignorés ou inaccessibles, et après les avoir allaités pendant quelques semaines, elles leur apportent des souris, des petits oiseaux, et les accoutument de bonne heure à manger de la chair ; mais par une bizarrerie difficile à comprendre, ces mêmes mères si soigneuses et si tendres deviennent quelquefois cruelles, dénaturées, et dévorent aussi leurs petits qui leur étaient si chers. » Valmont de Bomare a cherché à expliquer ce fait en disant qu'il semble que la cause qui pousse quelquefois les mères à détruire leurs petits ne doit pas être la même que celle qui excite les mâles à vouloir les dévorer. Il y a lieu, dit ce naturaliste, de penser que les mâles ne le font que parce qu'ils voient que leurs femelles cessent de les rechercher étant tout occupées du soin de leur famille. On pourrait croire que les mères ne se portent à cet excès que dans le paroxysme des douleurs qu'elles éprouvent en mettant bas leurs petits. Valmont de Bomare ajoute à l'appui de son idée que souvent dans ces circonstances les chattes ne font que mutiler leurs petits, et en prennent ensuite tous les soins possibles.

Nous sommes tellement convaincu que l'amour maternel est un des instincts les plus vifs des animaux que nous n'admettrons jamais qu'une mère détruise ses petits par un pur besoin de cruauté. Un tel crime ne se rencontre guère que dans l'espèce humaine, et s'il se produisait chez les animaux, ce ne serait certainement pas chez ceux qui vivent à l'état de liberté, non plus que chez les chats, qui ont conservé autant d'indépendance dans leur caractère que de vivacité dans leurs instincts. Du reste, cela est surabondamment prouvé par les faits.

Fig. 75. — Elle les ramena les uns après les autres.

Le docteur Franklin déclare qu'il a vu lui-même une chatte fendre à la nage une petite rivière pour ressaisir ses petits qui étaient entraînés par le courant. Elle les ramena les uns après les autres sur le rivage après les avoir saisis par le cou avec ses dents.

Brehm cite un exemple qui prouve aussi bien en faveur du cœur que de l'intelligence de la chatte.

« Dans les beaux jours de mai 1839, notre chatte, dit-il, avait mis bas dans le grenier à foin quatre charmants chatons qu'elle avait soigneusement dérobés à tous les regards. En dépit des recherches les plus minutieuses, ce ne fut qu'au bout de dix à douze jours que l'on finit par découvrir le nid de la jeune famille.

« Mais une fois la découverte faite, Minette ne s'inquiéta plus de sa progéniture. Trois ou quatre semaines s'écoulent ainsi. Un beau jour, Minette paraît tout à coup près de ma mère, la caresse avec des airs de suppliante, l'appelle par ses miaulements, et court vers la porte comme si elle voulait montrer le chemin ; mes parents la suivent. Toute joyeuse, elle traverse la cour en bondissant, disparaît dans le grenier, puis reparaît au haut de l'escalier et jette en bas ses chatons sur une botte de foin qui se trouve là ; ensuite elle descend elle-même, porte le petit animal à ma mère et le dépose à ses pieds. Naturellement on ramasse le pauvre chaton avec ménagement et on le caresse. Pendant ce temps, la chatte court de nouveau au grenier, jette en bas un autre petit de la même manière que le premier, et le transporte ensuite seulement quelques pas plus loin en appelant et en criant comme pour prier de venir le prendre. On lui obéit, et alors elle jette les deux derniers en bas sans plus s'en inquiéter, et c'est quand elle voit les spectateurs bien résolus à laisser les petits animaux à leur place qu'elle se décide enfin à les emporter. La pauvre mère, ainsi qu'on put le vérifier, n'avait absolument plus de lait, et ce fut alors que dans son intelligence elle chercha le moyen de remédier de son mieux à cette fâcheuse circonstance, et qu'elle apporta toute sa nichée à son père nourricier. »

Eh bien, n'est-il pas vrai que si l'on ne s'était pas rendu compte de cet acte, on aurait accusé la pauvre mère de cruauté. Ce n'est pas, il faut en être convaincu, chez les animaux qu'on trouve des mères dénaturées. Et tout le monde sait avec quel soin la chatte prépare le nid de ses petits, avec quelle prudence, aussitôt qu'elle les croit en danger, elle les transporte dans un autre endroit, avec quel courage, quelle énergie elle attaque les animaux qui veulent toucher à sa progéniture, avec quelle bonté elle adopte des écureuils, des petits chiens, des levrauts, voire même de jeunes rats qu'elle allaite comme ses propres nourrissons.

Un autre fait emprunté à Brehm prouvera péremptoirement le sentiment maternel des chattes.

Une chatte ayant été accidentellement séparée de ses petits, ceux-ci étaient exposés à périr, lorsque le maître de la maison eut l'heureuse idée de confier la jeune nichée à la chatte de son voisin. Celle-ci, qu'on venait de priver de ses chatons, se prêta à la substitution et soigna ces nourrissons étrangers comme les siens propres. Un jour, cependant, la vraie mère revint naturellement pleine d'angoisse pour sa progéniture qu'elle eut la joie de trouver vivante. On vit alors les deux nourrices s'unir pour soigner, élever, allaiter et défendre en commun les chers chatons.

Voici, enfin, un fait encore plus curieux. Une chatte avait perdu ses petits, on lui donna pour les remplacer trois écureuils. Ces trois petites créatures n'eurent point à se plaindre de leur mère adoptive. Celle-ci les soigna et les nourrit avec la même affection que s'ils eussent été ses enfants naturels. Il vint tant de monde dans la maison pour voir les écureuils allaités par la chatte que la nourrice sentant qu'elle avait charge d'âmes, les cacha pour plus de sécurité dans un grenier où l'un deux mourut. La sollicitude de cette chatte qui avait si volontiers donné le change à ses instincts naturels de maternité, pourrait bien s'étendre dans certains cas à d'autres femelles de l'ordre des carnassiers.

LES CANIENS

Parmi les carnivores, nous avons la famille des caniens qui compte aussi des animaux sauvages, tels que le renard, le loup, et un animal essentiellement domestique, le chien. Toutes ces bêtes montrent un très-grand amour pour leurs petits. Cela devait être ; leur instinct de conservation est d'autant plus vif que n'ayant qu'à compter sur eux-mêmes quand ils sont en danger, eux ou leurs petits, ils se défendent de toutes leurs forces et entrent dans des fureurs qui sont d'autant plus terribles qu'aucun raisonnement ne saurait les contenir. C'est l'instinct, dans tout son aveuglement et dans toute sa force, qui les pousse. Aussi, toutes les mères de ces animaux, quoique plus timides que les mâles, montrent à défendre leurs petits une audace et une énergie indomptables.

La louve est un modèle de tendresse maternelle, de courage et de dévouement. Intelligente à découvrir au fond d'un bois un endroit bien fourré pour ses petits, elle n'est pas moins ardente à les défendre. Cependant, comme l'a très-bien fait observer Toussenel, en ces sortes de conflits, l'amour maternel l'emporte encore chez la louve sur le désir de la vengeance. On a cent exemples de louves qui, au lieu de se précipiter sur le ravisseur et de lui sauter à la gorge, n'ont songé qu'à prendre leurs petits les uns après les autres, emportant le premier dans leur gueule et allant le cacher bien loin dans la forêt, puis revenant à la charge pour continuer la même manœuvre jusqu'à restitution complète de la part du larron. Or, les destructeurs de louveteaux, qui sont au courant des procédés de ces pauvres mères, savent mettre à profit la durée des intervalles qui s'écoulent entre chaque voyage, et, moyennant un léger sacrifice, ils finissent toujours par sauver la majeure partie de leur butin ; c'est par le même moyen, rapporte la légende du Bengale, que les dénicheurs de tigres réussissent à se procurer de jeunes individus de cette famille et à échapper à la dent meurtrière de la tigresse.

La perte de ses petits a souvent produit sur la louve les mêmes effets que la prolongation indéfinie d'un jeûne trop rigoureux. On en a vu tomber dans de violents accès de rage à la suite de ce coup cruel. Mais les civilisés ne veulent pas même tenir compte à la pauvre bête de l'excuse du désespoir.

La louve est une mère sans pareille. Il y a du chien dans son excellent cœur, et il ne faut pas s'étonner que beaucoup de louves aient consenti à allaiter des enfants. Je ne parle pas de Romulus ni de Rémus, dont l'histoire est connue de tout le monde. Mais le docteur J. Franklin cite de nombreux exemples de louves nourrices d'enfants. Je me contenterai de rapporter le suivant :

Dans le voisinage de Sultanpoor et parmi les ravins qui entrecoupent les bords de la rivière Goumti, les loups sont très-nombreux.

Un cavalier, passant le long de la rivière, près de Chandom, vit une grande louve sortir de sa tanière : elle était suivie par trois louveteaux et par un petit enfant. L'enfant marchait à quatre pattes et semblait vivre dans les meilleurs termes avec ses farouches compagnons.

De son côté, la mère le protégeait avec autant de soin que s'il eût été vraiment un de ses petits. Ils descendirent tous vers la rivière et burent sans faire attention au cavalier ; mais au moment où ils regagnaient leur gîte, l'homme chercha à leur couper la retraite. Le terrain était inégal et le cheval ne put les atteindre. Toute la famille, y compris l'enfant adoptif, rentra dans l'antre. Le cavalier rassembla alors quelques jeunes gens de Chandom et se remit en selle. Les chasseurs poursuivirent la mère, les petits et l'enfant, qui courait aussi vite que les louveteaux. De toute cette famille, ils ne prirent d'ailleurs que l'enfant et laissèrent le reste échapper. Cet enfant paraissait avoir neuf ou dix ans ; il montrait les habitudes et les manières d'un animal sauvage.

LA RENARDE

Nous avons répété déjà plusieurs fois que le nid de l'oiseau, que l'antre, le repaire du quadrupède est un excellent indice de l'amour maternel. La forme et la situation du domicile, l'art avec lequel l'animal l'approprie à ses besoins, l'industrie avec laquelle il en masque l'entrée et fortifie le tout contre les attaques des ennemis, indiquent, en même temps que son intelligence, quelle est sa préoccupation, son instinct de conservation. Nous avons exposé, dans notre livre sur l'intelligence des animaux, toute l'habileté que développe le renard dans l'établissement de son terrier. Nous avons dit que la seule passion qui fasse oublier à la femelle du renard une partie de ses précautions ordinaires, c'est la tendresse pour sa famille; la nécessité de la nourrir lorsqu'elle est enfermée dans le terrier, rend le père et la mère, mais surtout celui-ci, plus hardis qu'ils ne le sont pour eux-mêmes, et cet intérêt pressant leur fait souvent braver le péril. Les chasseurs savent bien profiter de cette tendresse du renard pour sa progéniture. La communauté de soucis et d'intérêt suppose des affections qui s'étendent au delà des besoins physiques proprement dits. Ces animaux, familiarisés avec les scènes de sang, n'entendent pas sans être émus les cris de leurs petits souffrants. Les poules ont sans doute le droit de ne pas les regarder comme des animaux compatissants, mais leurs familles, leurs enfants, tous ceux de leur espèce n'ont pas à s'en plaindre. Cette tendre inquiétude qui porte la renarde à s'oublier elle-même, la rend infiniment attentive à tous les dangers qui peuvent menacer ses petits. Si quelque homme s'approche du terrier, elle les transporte ailleurs pendant la nuit suivante, et elle est souvent exposée à déloger ainsi.

Nous ajouterons que la femelle du renard veille constamment sur ses petits, pourvoit à tous leurs besoins avec une assiduité infatigable, et montre aussi une audace qui est tout à fait étrangère à ses habitudes. Poussée par cette disposition maternelle qui détermine dans ses organes des instincts tout nouveaux, elle ne craint point alors de se mesurer avec les plus formidables adversaires.

Le docteur Franklin raconte qu'une femelle de renard qui avait un petit fut débusquée de son terrier, dans le comté d'Essex, par les chiens d'un gentleman, et poursuivie à outrance. On pouvait croire que, dans un pareil cas, lorsque sa propre vie courait un danger si éminent, l'animal n'aurait ni le temps, ni le cœur de pourvoir au sort de sa progéniture. Mais le désintéressement, le sacrifice instantané et complet de soi-même est le premier trait de l'affection maternelle chez tous les êtres organisés. Bravant toute espèce de dangers, la pauvre mère prit son petit entre ses dents et courut ainsi pendant plusieurs milles. C'était le seul moyen qu'elle eût de l'empêcher d'être déchiré par les chiens ; dans sa fuite, elle traversa la cour d'une ferme. A ce moment, elle fut assaillie par un fort mâtin et forcée de lâcher son petit, qui fut recueilli par le fermier. Les chasseurs avouèrent d'ailleurs qu'elle avait fait tout ce qu'il était possible pour le sauver.

L'OURS

L'ours est non-seulement, dit Buffon, sauvage, mais solitaire, il fuit par instinct toute société, il s'éloigne des lieux où les hommes ont accès ; il ne se trouve à son aise que dans les endroits qui appartiennent encore à la vieille nature, c'est en quelques lignes l'éloge de l'ours qui pour être moins sociable n'en est que plus droit dans ses instincts, plus sûr, plus dévoué dans ses affections. La société, la civilisation en nous apportant ses bienfaits a trop souvent dépravé nos mœurs, changé nos habitudes et gâté nos meilleurs sentiments. Nous avons abandonné la vieille et bonne nature. L'instinct maternel qui est le premier des instincts puisqu'il se rattache à la conservation de l'espèce, à l'entretien de la vie s'est profondément altéré chez nous. Que de mères croient qu'il serait trop vulgaire de nourrir elles-mêmes leurs enfants ! Souvent c'est par coquetterie qu'elles ne veulent pas donner le sein à l'être auquel elles ont donné le jour. A ce compte, mieux vaut être une ourse mal léchée, passer pour une personne un peu moins civilisée mais savoir élever sa famille, et être une bonne mère comme l'ourse. Cette bête a le plus grand soin de ses petits ; elle leur prépare un lit de mousse, et d'herbes dans le fond de sa caverne, les allaite jusqu'à ce qu'ils puissent sortir avec elle, et tant qu'ils ne sont pas en état de se défendre eux-mêmes elle les protège, les défend, offre la première sa vie pour les sauver du danger qui les menace. On trouve dans l'histoire des voyages mille exemples de l'amour maternel de l'ourse. En voici un que j'ai lu l'année dernière dans le *Tour du monde*. C'est un récit de chasse à l'ours par M. Isaac J. Hayes.

« Ces plantigrades polaires (les ours) n'ont point une démarche élégante ; ils portent leurs énormes jambes comme si elles n'avaient pas d'articulations et lèvent leurs pattes immenses de manière à faire croire qu'elles sont montées sur des patins. Leur long cou pyramidal est la seule chose gracieuse en eux.

« L'excessive circonspection de la mère me frappait par-dessus tout. Elle n'osait pas trop s'approcher, mais elle ne voulait pas non plus partir.

« Elle s'avançait à pas comptés : c'était une ourse bien nourrie et en bon point ; sans doute elle venait de déjeuner et se laissait aller à l'apathie qui accompagne la digestion d'un repas plantureux ; elle ne traversait même pas les flaques d'eau qui se trouvaient sur sa route, mais elle en faisait tranquillement le tour, ne se sentant pas disposée à se mouiller les pieds. Parfois elle nous tour-

Fig. 76. — Ourse.

nait le dos, parfois elle s'arrêtait étendant son long cou et humant l'air à droite et à gauche, levant son nez aussi haut que possible, puis le reportant sur la glace, comme si elle eût pu y découvrir quelque chose. Pendant ce temps, les petits folâtraient auprès d'elle ; ne la voyant pas effrayée, ils étaient en fort belle humeur ; ils se poursuivaient comme deux petits chats. Ils se roulaient dans les étangs dont ils faisaient jaillir l'eau à droite et à gauche : c'étaient de gais et gentils oursons, sans nul doute fort heureux de cette diversion inaccoutumée.

« La petite famille mit une demi-heure à gagner l'endroit où la mère saurait enfin à qui elle aurait affaire. Un instant elle parut indécise, s'arrêta court et se retourna comme pour revenir sur ses pas, puis elle changea d'avis ; pendant quelques minutes, elle sembla le jouet de deux impulsions opposées ; celle qui l'entraînait vers le navire remporta la victoire. Arrivée sur la pointe, elle leva la tête et renifla bruyamment. La lumière se fit soudain dans son esprit ; nous la vîmes pirouetter sur elle-même et regarder de tous côtés comme si elle cherchait des moyens de salut. Les petits commençant à prendre l'alarme couraient à leur mère, comme s'ils lui demandaient ce qui la préoccupait et si le spectacle était fini, et pourquoi il fallait partir. Elle paraissait leur répondre qu'il n'y avait pas de quoi s'effrayer beaucoup, mais que mieux valait jouer des jambes et s'éloigner le plus vite possible. Les jeux n'étaient plus de saison ; les pauvres petits obéirent, tout en se lamentant piteusement, ils avaient l'air d'enfants surpris par une pluie d'orage autour de la foire. Inquiets et troublés ils ne faisaient pas attention et passaient par-dessus la glace qui cédait sous leurs pieds. La mère avait marché ; elle les attendait alors ou même revenait sur ses pas, sinon pour leur donner assistance au moins pour les encourager. Elle même aurait pu fuir et devait bien le savoir, mais elle ne voulait pas quitter ses petits ; son dévouement était digne de notre admiration. Plus nous approchions, plus elle se tenait près de ses petits ; elle nageait au milieu d'eux ; bientôt elle les invita à plonger, et pendant quelques minutes nous pûmes les voir ramant de toutes leurs forces à vingt pieds sous la surface de la mer. Lorsqu'ils remontèrent pour respirer, une volée de balles les accueillit ; la mère et un des petits s'affaissèrent sans vie sur les eaux teintes de sang. »

Tous les chasseurs d'ours savent du reste que lorsqu'ils rencontrent une ourse et ses petits sur un arbre, c'est toujours la mère qui descend la première voulant ainsi protéger sa progéniture.

Quant à nous, nous ne sommes point étonné du dévouement maternel de l'ourse, nous l'avons toujours regardée comme un animal bon, intelligent et sobre. Nous avons maintes fois dans le cours de cet ouvrage essayé de montrer les rapports qui existent entre le régime alimentaire des animaux et leurs mœurs. Eh bien ! parmi les carnivores, aucun ne peut mieux servir à réaliser le mot célèbre de Duverney. « Qu'on me présente la dent d'un animal et je dirai quelles sont ses mœurs. » Chez tous les ours les dents carnassières sont rudimentaires. D'où il est facile de conclure que les ours quoique rangés parmi les carnivores aiment les substances végétales. Aussi ne faut-il pas s'étonner de la douceur de leur caractère. Comment croire en effet que l'ours qui peut aussi bien vivre de végétaux et de racines que de viande, qui apprécie les fraises et les framboises, qui est passionné pour le miel et l'angélique puisse être un méchant animal. Voici un dernier trait qui montrera tout l'amour maternel de cet animal. L'équipage du vaisseau la *Carcasse* chargé au siècle dernier d'un voyage d'exploration au pôle nord fut témoin d'un exemple touchant d'amour maternel rapporté par *la Revue britannique*.

Le navire était pris dans les glaces, lorsqu'un matin de très-bonne heure la vigie du grand mât signala l'approche de trois ours attirés probablement par l'odeur de la graisse en fusion d'un morse tué quelques jours auparavant et qui brûlait sur la glace. Les visiteurs étaient une ourse et deux oursons presque aussi gros que la mère. Ils coururent au feu s'emparèrent de la chair non encore consumée et la dévorèrent.

Alors du pont du vaisseau, les matelots jetèrent sur la glace de gros morceaux de chair de morse qui leur restaient encore, l'ourse les ramassait à mesure, et les déposait devant ses petits ayant soin de les leur partager. Au moment où pleine de confiance, la mère ramassait le dernier morceau, les hommes du bord visèrent les oursons et les étendirent morts. Ils tirèrent aussi la mère mais sans la blesser mortellement.

« C'était un spectacle à faire verser des larmes de voir le tendre empressement de cette pauvre bête autour de ses petits au moment où ils rendaient le dernier soupir.

Fig. 77. — Ourse et ses petits.

Quoique grièvement blessée et pouvant à peine se traîner à l'endroit où ils étaient étendus, elle emporta le morceau de chair qu'elle était venue chercher, tout comme elle avait fait des autres, puis elle le déchira par lambeaux et le mit devant eux. Quand elle s'aperçut qu'ils ne mangeaient plus, elle posa une patte d'abord sur l'un, ensuite sur l'autre, essayant de les retirer et poussant pendant tout ce temps des gémissements lamentables; comprenant qu'elle ne pouvait plus les remuer, elle partit : mais au bout de quelques pas, elle se retourna avec des hurlements plaintifs ; puis, voyant que cette manœuvre ne réussissait point à les décider, elle revint sur ses pas, tourna autour d'eux, les flaira et se mit à lécher leurs blessures. Elle s'éloigna une seconde fois, comme auparavant, se traîna à quelque distance, regarda encore derrière elle, et s'arrêta en continuant de se plaindre ; mais pas plus qu'avant, les oursons ne se relevèrent pour la suivre. Alors elle revint avec toutes les démonstrations d'une inexprimable tendresse, elle alla de l'un à l'autre, les caressant avec ses pattes et poussant de douloureux gémissements. Enfin les trouvant froids et sans vie, elle leva la tête vers le vaisseau en adressant des hurlements de malédiction aux meurtriers qui y répondirent par une décharge générale... La pauvre bête tomba entre ses deux nourrissons et mourut en léchant leurs blessures. »

LE CHIEN

A ne considérer que l'organisation, le chien serait un loup, et cependant la destination de ces deux animaux est loin d'être la même. Le loup vit dans les forêts ; le chien demeure près de l'homme. Celui-là est à peu près solitaire, celui-ci est essentiellement sociable. L'un est devenu domestique, l'autre est resté sauvage. Rien ne ressemble plus au loup que le chien par les formes et par les organes ; rien n'en diffère plus par les penchants, par les mœurs, par l'intelligence. C'est bien ce qui prouve l'influence du milieu sur les animaux. Au contact de l'homme, le chien perd de sa rudesse de caractère ; il se polit et se civilise ; il gagne en souplesse, en docilité, en humilité ; il devient le chien couchant, le plat ventre et le plat valet : il est domestiqué. Voilà ce que devient le chien au contact de la civilisation quand il n'a pas un grand caractère ni un grand cœur. Si, au contraire, son naturel est bon, il ajoute à la vivacité, à l'ardeur de son instinct, un sentiment raisonné qui le pousse à l'héroïsme, surtout quand il s'agit de la conservation de l'espèce.

Parmi tous les exemples que nous pourrions citer à cet égard, nous ferons connaître celui que Bechstein a rapporté. « Un berger de Walterhausen achetait des moutons tous les printemps, et sa chienne devait naturellement l'accompagner jusqu'au marché, distant d'une vingtaine de lieues. A peine arrivée, elle mit bas ses petits, et le berger fut obligé de l'abandonner; mais trente-six heures après son retour, il retrouva devant sa porte sa chienne avec ses sept petits. Elle les avait apportés l'un après l'autre. Quatorze fois elle avait fait le voyage, et malgré sa fatigue et son épuisement, avait conduit son entreprise à bonne fin. »

Le docteur Blatin, dans son livre intitulé : *Nos cruautés envers les animaux*, cite un fait semblable.

Un roulier avait une belle chienne qui, chaque semaine, l'accompagnait du hameau de Beaunes (Cher), à Orléans, gardant jour et nuit sa voiture.

Un matin, pendant le voyage, elle fut obligée de préparer son nid dans le coin d'une cour et mettre bas à Aubigny. Le roulier était absent. Au moment du départ, surpris de ne pas voir sa chienne à son poste, il l'appelle à plusieurs reprises, et la pauvre bête, encore souffrante, se traîne aux pieds de son maître. Il la caresse et la suit vers sa jeune famille; puis il la recommande à l'aubergiste, et part, se proposant d'emmener la mère et les petits quand la saison sera moins froide. Il arrive aux Beaunes vers la tombée de la nuit, panse ses chevaux, soupe et se couche.

Au point du jour, il se lève. O surprise ! à la porte de l'écurie, sur un tas de paille, il voit sa chienne et les quatre nouveau-nés; ceux-ci sains, alertes; elle, la mère, épuisée, efflanquée, les pattes ensanglantées, le regard mourant, alternativement fixé sur ses petits et sur son bon maître.

Elle avait fait quatre fois le voyage, aller et retour, d'Aubigny aux Beaunes, c'est-à-dire en quinze heures près de cinquante lieues.

Le même soir elle était morte.

Un paysan avait une chienne de chasse prête à mettre

Fig. 78. — Chienne apportant ses petits à son domicile.

bas, quand, un jour, il partit pour une foire dans le Dauphiné.

En route, il remarqua que sa chienne le suivait de loin et avec peine ; — cette pauvre bête, arrivée à l'auberge, alla se coucher sous la crèche de l'écurie et y déposa son précieux et cher fardeau, quatre petits chiens.

— Bast, dit son maître, c'est de la bonne race ; je les remporterai sur la voiture du cousin. Et il alla à ses affaires. Mais quand, le soir venu, il voulut partir, plus rien sous la crèche, ni mère, ni petits... Il se crut volé, et revint de mauvaise humeur à la maison.

Jugez de sa surprise quand il retrouva sa chienne, encore toute mouillée, haletante, épuisée, et trois de ses petits couchés sous elle pour les réchauffer...

Qu'était donc arrivé?

De Soucieu à Saint-Symphorien, le trajet est de seize kilomètres au moins, plus le Rhône à traverser... Eh bien, cette mère, inquiète sur le sort de sa portée, et n'écoutant que son amour, avait transporté ses petits, l'un après l'autre, dans son chenil! Elle avait eu la force de faire une course non interrompue de soixante-quatre kilomètres et de traverser à la nage, huit fois, le fleuve large et rapide que vous connaissez.

Le paysan, tout grossier qu'il était, ne put retenir des larmes... Il fit appeler le vétérinaire pour sauver cette bête sublime; mais tous les soins furent inutiles, elle finit aussi par mourir, à côté de trois de ses petits, sauvés par elle et vivants.

Je n'ai pu oublier la réflexion que fit le mari à sa femme :

— Tu n'en ferais pas autant!

Adrien Léonard, auteur d'un traité sur l'éducation du chien, prétend que le chien n'aime pas son maître, qu'il ne voit en lui qu'un instrument de conservation. « Sans doute, dit-il, l'animal lèche la main de son maître; mais c'est la crainte et non l'affection qui le guide dans cette action qu'on considère comme le symbole de la reconnaissance. L'instinct de conservation, dit-il, voilà le grand mobile qui le dirige, et j'en suis bien fâché pour les gens dont je détruis sans doute de bien chères illusions, si je leur apprends que là est toute la sensibilité dont ils font honneur à l'animal. »

Assurément l'instinct de conservation est le premier de nos mobiles, et il fallait qu'il en fût ainsi, aussi bien chez les animaux que chez l'homme. Mais il n'y a pas que de l'instinct dans l'amour des animaux pour leurs petits, il y a aussi de l'intelligence, voire même une sensibilité qui n'est pas seulement instinctive. Cela est tellement vrai, que dans les différentes classes des animaux où nous rencontrons partout l'instinct de conservation, nous le voyons avec des manifestations bien différentes et des sentiments affectifs d'autant plus prononcés que l'intelligence est plus grande.

Chez les mammifères, les sentiments affectifs sont beaucoup plus prononcés que chez les poissons et les reptiles. Ils n'existent pas chez les mollusques et les rayonnés.

Les sentiments affectifs attachent bien plus fortement la mère des mammifères à ses petits et ceux-ci à leur mère que le père à ses petits et les petits au père.

La sollicitude et la tendresse des mères ne sont pas seulement œuvre d'instinct, l'intelligence y prend part, et quand cette tendresse s'abolit ou s'efface, on voit tout à la fois l'instinct et l'intelligence s'affaiblir et disparaitre en même temps qu'elle.

Dans les exemples de tendresse maternelle que nous venons de citer, il est impossible de ne pas y voir des manifestations admirables d'instinct, d'intelligence et de cœur.

Aussi pouvons-nous répéter avec Buffon :

Pour l'intelligence et la sagacité, l'attachement et la reconnaissance, en un mot pour tout ce qui, dans les effets de l'instinct, imite l'esprit et dans le sentiment ressemble à des vertus, le chien, entre tous les animaux, est un chef-d'œuvre de la nature.

LES CHEIROPTÈRES OU CHAUVES-SOURIS

Les cheiroptères forment également une famille très-curieuse, dont le caractère principal se trouve dans les membres de devant, qui sont transformés en ailes par l'allongement des os qui les constituent, remarquables aussi par la présence entre leurs doigts antérieurs d'une membrane qui s'étend aussi sur les flancs et le plus souvent jusqu'à la queue et aux jambes, qu'elle embrasse. Il en résulte qu'ils sont pourvus non-seulement d'un parachute comparable à celui des galéopithèques, des écureuils volants ou des pétauristes, mais de véritables ailes, à l'aide desquelles ils peuvent s'élever dans les airs et s'y mouvoir aussi aisément que le font les oiseaux avec les leurs. Le nom de cheiroptère veut dire main ailée. Ajoutons à ce caractère la position pectorale des mamelles et une certaine ressemblance dans d'autres organes avec ce qu'on voit chez les derniers quadrumanes. Après les singes, ce sont, suivant Linné, nos plus proches parents dans la classe des mammifères, aussi avait-il placé les cheiroptères dans un ordre où l'homme et les singes portaient, avec les chauves-souris, la désignation commune d'anthropomorphes. Quelque singulier que puisse paraître ce rapprochement, il est cependant fondé. Comme l'homme et les singes, les cheiroptères ont les dents de trois sortes; comme eux, ils ont de véritables mains; mais ces mains, par l'allongement de quatre de leurs doigts, garnis de vastes membranes qui réunissent les quatre extrémités, sont devenues des ailes. Les chauves-souris n'ont que deux mamelles, situées sur la poitrine; ce qui fait qu'en donnant à teter, la mère doit tenir son petit embrassé comme le fait la femme. Ces rapprochements dans la conformation physique indiquent qu'il doit y avoir des ressemblances morales; en effet, les chauves-souris ont, comme les singes, un amour maternel très-développé.

La chauve-souris ne fait ordinairement qu'un seul petit. Dès qu'elle l'a mis bas, la mère nettoie son nourrisson, l'enveloppe dans ses ailes comme dans un berceau, le presse sur son cœur et a pour lui les plus tendres soins. Voici comment on s'est rendu compte de leur manière de nourrir leurs petits.

Une chauve-souris, appelée noctule, ne voulait pas toucher aux mouches dans l'état de captivité, mais dévorait avidement la viande crue et hachée. Cette chauve-souris était heureusement pourvue d'un jeune; de sorte que l'on put étudier sur elle la manière dont ces animaux nourrissent leur progéniture. Pendant qu'elle remplissait ce devoir naturel, la membrane flexible des ailes était appelée à jouer un rôle inattendu. Le jeune était complétement enveloppé dans les plis de l'aile maternelle, transformée ainsi en un berceau chaud et moelleux. Ce berceau n'avait pas seulement pour avantage de réchauffer le tendre nourrisson, il l'empêchait encore de tomber. La mère tenait ainsi son nouveau-né si étroitement emmaillotté qu'on ne pouvait plus le voir du tout. La méthode nourricière des chauves-souris ne rentre pas précisément dans les idées ordinaires que nous nous faisons touchant l'art d'allaiter les enfants. Où a-t-on vu une mère se suspendre les pieds en l'air et la tête en bas pendant qu'elle tient son nourrisson attaché à sa poitrine ? Les choses se passent pourtant ainsi parmi les femelles des chauves-souris. Cette manière de bercer les petits sous son aile a d'ailleurs quelque chose de poétique et de touchant qui contraste avec la laideur de ces animaux nocturnes.

LES QUADRUMANES

Si l'instinct de conservation est profondément enraciné chez tous les êtres, il n'en est pas moins démontré que plus nous nous élevons dans l'échelle des animaux, plus nous voyons leur intelligence se développer, plus aussi le dévouement de l'individu à l'espèce se manifeste. Les carnivores nous ont fourni maints exemples de mère n'hésitant point à exposer leur vie pour sauver leur progéniture.

Ainsi l'amour maternel dont le premier principe est l'instinct de conservation s'accuse d'autant mieux et est d'autant plus dévoué, que l'animal est plus intelligent et mieux organisé. C'est ce que nous allons encore voir chez les quadrumanes.

Les naturalistes ont longtemps confondu l'orang-outang et le chimpanzé. Nous savons aujourd'hui que l'orang-outang n'habite que les contrées les plus orientales de l'Asie : Malacca, la Cochinchine, l'île de Bornéo, etc. Le chimpanzé n'habite que l'Afrique, la Guinée, le Congo.

Lequel de ces deux singes faut-il placer le plus près de l'homme.

A regarder l'intelligence, ils en sont également près, ou plutôt et à parler plus exactement, ils en sont également loin ; moins loin pourtant qu'aucune autre brute. L'orang-outang et le chimpanzé sont les deux animaux qui ont le plus d'intelligence.

A regarder la forme extérieure du corps, le chimpanzé se rapproche plus de l'homme par les proportions de ses bras, moins longs que ceux de l'orang-outang ; mais d'un autre côté, l'orang-outang s'en rapproche plus par le nombre des côtes : Il en a douze paires comme l'homme et le chimpanzé en a treize.

L'orang-outang et le chimpanzé adultes approchent de la taille de l'homme. Le pongo de Bornéo, ce grand, ce redoutable singe qui a été décrit par plusieurs naturalistes, comme un animal particulier, est l'orang-outang adulte.

De tous les singes de l'ancien continent, les macaques sont les seuls que F. Cuvier ait vus se reproduire dans notre ménagerie.

On a vu également la reproduction du ouistiti, une des espèces les plus jolies et les plus petites du Nouveau-Monde, et aussi celle du maki à front blanc, espèce de ce singulier genre des makis qui, comme on sait, ne se trouve que dans l'île de Madagascar.

Les mères de ces singes sont toutes admirables à observer dans leur tendresse maternelle : on dirait vraiment une femme qui prend son enfant, le presse sur son sein, lui donne à teter avec bonheur, puis le berce et l'endort. Et, cependant, en voyant cette bête imiter tous les mouvements de nos mères, allaiter son petit comme nous avons été allaités, le premier sentiment qu'on éprouve est une sorte de répulsion. Il semble qu'on se voie en laid, en caricature, en dégradation. Mais quand on réfléchit aux laideurs morales de la femme civilisée, quand on songe à toutes les mères qui abandonnent, qui frappent, qui étouffent, qui tuent, qui coupent en morceaux leurs enfants, on revient à un meilleur sentiment pour ces pauvres mères des animaux qui n'abandonnent jamais leurs petits et sont toujours prêtes à se dévouer pour leur sauver la vie.

Lorsque le capitaine Hall aborda, vers 1828, sur les côtes de Sumatra, à son arrivée à Truman, les naturels du pays lui firent de curieux récits touchant un animal qu'ils appellent orang-marrah, marri ou marry : « Ces êtres extraordinaires, disent-ils, habitent les parties les plus épaisses de la forêt située à cinq ou six journées de Truman ; » ces animaux-là, suivant eux, attaquaient les petits détachements d'hommes, et s'il y avait des femmes avec eux ils cherchaient à les enlever. Les naturels répugnent aussi à détruire les orangs à cause d'une croyance superstitieuse. Ils se figurent que ces créatures redoutables sont animées par les âmes de leur ancêtres, et qu'ils exercent une légitime domination sur la forêt de Sumatra.

Après quelques jours d'hésitation de la part des indigènes, le capitaine parvint cependant à réunir une vingtaine d'hommes, armés de mousquets, de lances, de bambous. Le bruit courait qu'un marrah avait été vu dans la forêt. La petite bande armée marcha dans la direction de l'est à environ trente milles. Là on trouva, en effet, une femelle d'orang perchée sur le sommet d'un des plus hauts arbres et tenant un petit dans ses bras.

Le premier coup de feu brisa le grand orteil de la mère qui poussa un cri horrible. Puis, soulevant à l'instant même son enfant aussi loin que ses grands bras lui permettaient d'atteindre, elle le lâcha vers les dernières branches qui semblaient trop faibles pour la supporter elle-même. Pendant ce temps, les chasseurs s'approchèrent de l'arbre avec précaution, pour tirer sur elle un second coup. L'animal ne chercha point à fuir, mais observa avec soin leurs mouvements, tout en poussant en même temps des sons particuliers.

A partir de cet instant, la pauvre mère sembla s'oublier elle-même pour ne plus songer qu'au sort de son enfant.

Jetant de moment en moment un coup d'œil vers l'extrémité de l'arbre, de sa main, elle exhortait son petit à s'échapper au plus vite. Elle semblait même lui tracer la route qu'il devait suivre pour gagner de branche en branche les parties sombres et inaccessibles de la forêt.

La seconde décharge étendit l'animal à terre. Une balle avait traversé sa poitrine; mais son enfant était sauvé. Même en mourant, elle demeura fidèle à son attachement maternel et jeta un dernier regard vers son petit qui était, Dieu merci, en lieu de sûreté.

Les gibbons, ces singes sans queue qui vivent dans les parties les plus reculées des Indes et de l'archipel Indien, Java, Bornéo, Sumatra, Malacca, Siam, ces singes montrent également une grande tendresse pour leurs petits. Contrairement à ce qu'on observe chez les autres singes, lorsqu'une troupe de gibbons est attaquée si un des compagnons est blessé, on l'abandonne, à moins pourtant que ce ne soit un jeune. L'affection maternelle prédomine alors sur tous les autres sentiments. La mère de l'enfant qui est frappé mettra à l'instant même sa vie en danger pour faire une attaque sur l'ennemi quel qu'il soit. Du reste, dans la vie habituelle, ces mères dévouées prennent le plus grand soin de leurs petits; elles les lavent, les frottent, les sèchent sans écouter leurs cris; elles savent que ces soins leur sont nécessaires, elles n'ont pas la faiblesse de céder aux cris de leurs enfants.

Parmi les macaques, la toque est une excellente mère et tel est son penchant pour exercer les fonctions de nourrice que ce penchant ne se limite point à son espèce. Lorsqu'une ménagerie ne possède qu'un seul de ces animaux, on lui donne volontiers pour compagnon un petit chien. Rien ne saurait surpasser la sorte d'humanité que présente alors cette mère.

Avec toutes sortes de tendresse et de gravité, elle soigne, caresse et élève, à sa manière, l'infortuné petit chien, au risque de l'ennuyer. Cela dure quelquefois plusieurs heures de suite au grand désespoir du nourrisson, objet de toute cette sollicitude. Il lui faut pourtant subir bon gré mal gré ces embrassements prolongés. Toute tentative de résisance à la tendresse tant soit peu volontaire et tyrannique du singe est en effet suivie d'une prompte et quelquefois sévère punition.

Le docteur Franklin raconte qu'il a assisté à l'accouchement d'une toque. A peine l'enfant était-il né qu'on introduisit d'autres femelles de la même espèce de singe. Ce fut une scène touchante. Les femelles prirent les unes après les autres le nouveau-né, l'embrassèrent, se le passèrent à la ronde en le couvrant de caresses, s'approchèrent doucement de la mère, comme pour la féliciter de son heureuse délivrance. J'aurais voulu, dit le docteur, qu'il y eut là des femmes, car rien n'était plus moral ni plus édifiant que cet hommage rendu par les animaux à la maternité, à l'enfance et aux sentiments sacrés de la famille.

TABLE DES GRAVURES

1. Nid de clubiones sur les avoines................ 7
2. Nid d'araignée dans une feuille d'avoine contournée.... 9
3. Nid d'araignée sur une tige de moutarde sauvage 11
4. Nid d'araignée déchiré et réparé................ 13
5. Cigale creusant son nid...................... 19
6. Mouche à viande........................... 20
7. Le cousin mâle et femelle. Nymphe, larve. Éclosion. Figures très-grossies........................ 23
8. Céphalémye du mouton..................... 25
9. Nid de termites belliqueux dans l'Afrique australe.... 27
10. Perce-oreille............................. 30
11. Larve de perce-oreille...................... 31
12. Nymphe de perce-oreille.................... 31
13. Nid de courtilière........................ 33
14. Bousier sacré............................ 36
15. Scarabées sacrés des Égyptiens............... 39
16. Nécrophores enterrant un oiseau............. 41
17. Feuille de chêne roulée perpendiculairement à la côte... 45
18. Feuille de chêne roulée parallèlement à la côte..... 45
19. Chenilles processionnaires................. 49
20. Nid de bourdons cardeurs.................. 53
21. Abeille charpentière. Nymphes, œufs, galerie et nids... 57
22. Guêpe commune. Nid de guêpes. Guêpe des arbustes... 60
23. Nid de poliste française................... 63

24. Nid de l'odynère dans une tige de ronce.	64
25. Les fourmis nourrices.	73
26. Anguille à large bec, espèce serpentiforme.	84
27. Dorade de la Chine ou poisson rouge.	86
28. Ombre chevalier.	87
29. Épinoche et son nid aquatique.	91
30. La spinachie.	93
31. Chabot de rivière.	95
32. Requin.	101
33. Baleine prenant son petit sur son aileron.	105
34. Nid de fauvette couturière.	108
35. Nid du tisserin nélicourvi.	113
36. Nid du loriot jaune.	115
37. Nid du moineau républicain.	118
38. Nid de poule d'eau.	121
39. Nids de flamants rouges.	124
40. Talègalle de l'Australie, glanant de l'herbe pour construire son nid.	129
41. Nid de chardonneret.	132
42. Nid de pinson.	133
43. Nid du colibri à plastron noir.	135
44. Nid de fauvette de roseaux.	139
45. Pétrel tempête.	149
46. L'oie qui meurt près de son nid.	151
47. Roitelet se défendant entre le coucou.	161
48. Le nid de roitelet dans le capuchon de saint Malo	167
49. Nid de mésange à longue queue.	171
50. Poule apercevant un oiseau de proie.	179
51. L'oie défendant ses petits.	184
52. Manchot, nourrissant son petit.	190
53. Héron cendré et héron garzette.	192
54. Cigogne et son petit.	195
55. Dinde réchauffant ses petits sous son aile.	197
56. Colin de la Californie.	199
57. Perdrix veillant sur leurs petits.	201
58. Pigeon biset.	205
59. Chardonnerets consolidant leur nid.	210
60. Moineau franc.	212
61. Nid de rouges-gorges sur un chariot.	217
62. Merle noir.	221
63. Merles abecquant leurs petits.	224
64. Loriot.	226
65. Hirondelle abecquant ses petits.	229
66. L'écureuil et son nid.	245

67. Le rat nain 249
68. Les campagnols. 252
69. Mort d'une hase allaitant ses petits. 256
70. Du poulain et de sa nourrice.. 261
71. Chèvre. 263
72. Le daim. 265
73. La lionne et ses petits. 279
74. Tigresse et ses petits.. 283
75. Elle les ramena les uns après les autres. 285
76. Ourse. 000
77. Ourse et ses petits.. 295
78. Chienne apportant ses petits à son domicile.. 298

TABLE DES MATIÈRES

L'amour maternel chez les insectes.. . . . , ... 1
    Les insectes sans ailes. 4
    Les araignées.. 5
    Les hémiptères. 16
    La cigale.. 18
    Les diptères.. 20
    Les névroptères. 25
    Orthoptères... 30
    Les coléoptères. 32
    Les lépidoptères.. 42
    Les hyménoptères. 50
    Les guêpes. 58
    Les ichneumons. 66
    Les nourrices. 69

Les poissons... 80

Les oiseaux... 108
    Le nid. 108
    Le nid chez les échassiers. 119

Le nid chez les oiseaux coureurs. 125
Les passereaux, les gros becs, ou granivores. 131
Les mellivores. 134
Les insectivores. 137

LA PONTE ET LA COUVÉE. 141

Les percheurs à doigts libres. 158
Les oiseaux insectivores. 166
Les hirondelles. 173
Les pieds soudés. 173

LES PETITS. 175

Les palmipèdes. 180
Les canards sauvages. 184
Échassiers. 191
Les colombiens. 204
Les passereaux. 207
L'alouette. 213
Les baccivores. 215
Les mellivores. 227
Les insectivores. 228

LES MAMMIFÈRES. 232

Les rongeurs. 241
Les rongeurs monogames 243
Les rats. 247
Les lapins. 253
La vache. 257
Cerfs, daims et chrevreuils. 264
Les marsupiaux. 267
Les insectivores. 271
Les édentés. 273

LES CARNIVORES. 275

Les mustéliens. 277
Les félins. 278
La lionne. 278
Tigresse. 282
La chatte. 284

TABLE DES MATIÈRES.

Les caniens. 288
La renarde. 290
L'ours. 291
Le chien. 297
Les cheiroptères ou chauves-souris. 300

Les quadrumanes 303

FIN DE LA TABLE DES MATIÈRES.

PARIS. — IMP. SIMON RAÇON ET COMP., RUE D'ERFURTH,

www.ingramcontent.com/pod-product-compliance
Lightning Source LLC
Chambersburg PA
CBHW071335150426
43191CB00007B/746